PUTONG KUNCHONGXUE
SHIYAN SHIXI ZHIDAO

普通昆虫学实验实习指导

魏丹丹　荣　霞　主编

西南大学出版社
SWUP 国家一级出版社 全国百佳图书出版单位

图书在版编目（CIP）数据

普通昆虫学实验实习指导 / 魏丹丹，荣霞主编．-- 重庆：西南师范大学出版社，2019.3

ISBN 978-7-5621-9702-7

Ⅰ．①普… Ⅱ．①魏… ②荣… Ⅲ．①昆虫学－实验－高等学校－教学参考资料 Ⅳ．① Q96-33

中国版本图书馆 CIP 数据核字（2019）第 029626 号

普通昆虫学实验实习指导

魏丹丹　荣　霞　主编

责任编辑：杨光明
责任校对：翟腾飞
书籍设计：起源
排　　版：张　祥
出版发行：西南大学出版社（原西南师范大学出版社）
地址：重庆市北碚区天生路 2 号
邮编：400715
印　　刷：重庆新生代彩印技术有限公司
幅面尺寸：170 mm × 240 mm
印　　张：8
字　　数：141 千字
版　　次：2019 年 6 月　第 1 版
印　　次：2023 年 7 月　第 2 次印刷
书　　号：ISBN 978-7-5621-9702-7
定　　价：30.00 元

编委会

主　　编：魏丹丹　荣　霞

副主编：王宗庆

编　　委：（按姓氏笔画排序）

王宗庆　豆　威　张开军　张国娜

荣　霞　袁国瑞　蒋红波　魏丹丹

前　言

《普通昆虫学实验实习指导》主要是配合“普通昆虫学”的教学内容，帮助学生理解和掌握普通昆虫学的基础理论，学习基本知识和基本技能的实验实习指导用书。随着昆虫学研究的深入发展和植物保护等专业新培养方案的修订，以前使用的实验实习指导用书不能完全适应最新教学大纲的要求。特别是为了针对学校植物保护专业以及相关专业教学计划的调整，我们决定编写《普通昆虫学实验实习指导》，以适应当前新的教学大纲。我们将昆虫学实验实习内容进行重新编排和重组，作为植物保护、农学等相关专业普通昆虫学实验和教学实习的指导用书。

本书编写的指导思想是加深学生对普通昆虫学理论学习内容的理解，培养学生对普通昆虫学相关实验的基本操作技能，并在此基础上，提高学生的实践能力、设计能力和问题分析能力。为此，在实验内容上除了选用传统普通昆虫学形态观察、比较的实验外，还加入了学生自己动手完成的关于昆虫行为习性、生长发育、内部生理解剖、野外观察等相关环节的实验与实习，以此培养学生的动手操作能力、实事求是的态度和团队协作精神。

本书共 16 个实验和 6 个教学实习，内容涉及昆虫标本的采集制作和体视显微镜的使用，昆虫形态特征、内部生理解剖的观察，昆虫生物学特性，昆虫标本的鉴定，昆虫玻片标本的制作等经典的普通昆虫学实验及研究技术。在实验实习的内容安排上，本书降低了观察性实验课时的比例，提高了操作技能训练实验课时的比例，并且还加入了综合性、设计性实验，可进一步激发学生对昆虫学的研究兴趣。

本书由8位老师共同参与编写。具体分工如下：实验二、实验六、实验八、实验九以及实习部分内容（魏丹丹）；实验一、实验十至实验十六（王宗庆和荣霞）；实验三和实验四（魏丹丹、蒋红波、张国娜、荣霞、袁国瑞）；实验五（豆威）；实验七（张开军）。

本教材得到"重庆市本科高校'三特行动计划'特色专业、西南大学首批优势专业建设"项目资助。本书的编写得到了西南大学植物保护学院昆虫系各位老师的大力支持和帮助，在此致以衷心的感谢。

限于编者的水平，书中的疏漏和错误在所难免，恳请各位同行和读者提出宝贵的意见与建议。

编　者

2018年11月

目录

普通昆虫学实验

PUTONG KUNCHONGXUE SHIYAN

普通昆虫学实验室守则

一、参加实验的学生，要遵守学习纪律，按时进入实验室，在指定的座位上就座，不得迟到早退，不得无故缺席，按时完成实验任务。

二、每次实验前要充分预习实验指导，并复习普通昆虫学课堂理论学习的相关内容。个人自备的实验用具要准备充分。明确本次实验的目的、要求、内容和作业等，以保证实验顺利进行。

三、实验过程中，要严格遵守课堂秩序，不得高声交谈和随意走动。要爱护标本，节约使用标本。实验操作要小心谨慎，认真观察，做好实验记录，并且能做到仔细观察、分析和独立思考，不懂之处，应积极向老师提问。

四、实验结果记载和绘图应实事求是，不准任意改动，相互抄袭。实验报告要求用统一的实验报告纸和铅笔完成，要求字迹清晰，绘图规范，按时交报告或实验作业。

五、要爱护实验仪器，节约药品。如遇故障，及时报告老师。如有损坏，应报告登记，并按相关规定赔偿。使用双筒体视显微镜及其他贵重仪器时，应按照要求操作。取、放显微镜时应一手握住镜臂，一手拖住底座，使显微镜保持直立，防止镜头滑落而损坏。借用的仪器用具，用后应清洁干净，按时归还。

六、注意实验安全，使用易燃易爆、有毒有害等药品时要小心，禁止用酒精灯互相接火。

七、实验完毕应将仪器放回原处，将实验桌整理好，各小组将标本整理好，将用具清洗干净。昆虫尸体等杂物要放入指定的容器内，不得乱扔。负责值日的同学要把实验室打扫干净，关好水、电和门窗，经老师检查后方可离开。

实验一 双筒体视显微镜的构造及应用

一、实验目的和要求

1. 了解双筒体视显微镜的结构和功能。
2. 掌握双筒体视显微镜的正确使用方法。

二、实验材料和用具

（一）材料

叶甲标本。

（二）用具

双筒体视显微镜（附描绘仪）、白纸（A4）等。

三、实验内容和方法

（一）双筒体视显微镜

双筒体视显微镜又称立体显微镜、实体显微镜、解剖镜或双目解剖镜，可利用斜射光照明（上光源），观察不透明物体的立体形状或表面结构，也可利用镜座内的透射光照明，观察薄的或透明的生物标本，是昆虫学实验、教学和科研的常规仪器之一。双筒体视显微镜有许多类型，本实验室供学生使用的是迈克奥迪 K400 型和 K700 型双筒体视显微镜（均配有描绘仪）。本书以图 1-1 所示的迈克奥迪 K400 型双筒体视显微镜为例介绍其使用方法。标准配置的 K400 型双筒体视显微镜主要由 1 对目镜、1 个镜体、1 个上光源、1 个升降机构、1 个带光源底座以及 1 对眼罩组成。

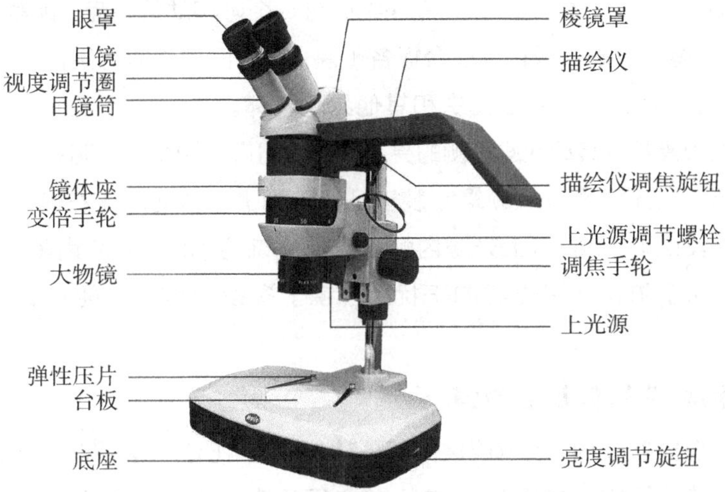

图 1-1　迈克奥迪 K400 型双筒体视显微镜结构图(带描绘仪)

1. 基本构造

镜座：包括底座、支柱、导杆。底座上装有底光源、2 个压片、2 块载物盘（一块为磨砂玻璃；另一块由合成材料制成，一面为黑色，一面为白色）以及上、下光源亮度调节旋钮。

目镜：包括目镜、眼罩、目镜筒、视度调节圈等。目镜的放大倍数通常为 10 倍。

镜体：由物镜部分和目镜部分组成，安装在升降机构的安装孔内，用升降机构后侧的紧固螺钉锁紧。物镜部分：K400 型的物镜部分是四挡变倍（6→12→25→50）系统，放大倍数不可连续调动，变倍手轮位于镜体座下方；目镜部分：带 2 个目镜筒，双目倾斜 45°。2 个目镜筒间的距离可以调节以适应不同瞳距的观察者，视度调节圈可以调节以适应不同视力的观察者。

升降机构：升降机构安装于底座的立柱上，并支撑体视显微镜镜体，可通过升降机构上的锁紧螺钉将升降机构固定在立柱的任意高度。调焦手轮位于升降机构的两侧，转动此手轮可使镜体上下移动以对观察标本进行调焦。调焦手轮具有打滑功能，当调焦到行程的上、下极限位置时，手轮的转动为“空转”，可以防止对齿轮的过度挤压。

带光源底座：底座上带有立柱，立柱带有支承圈，位于升降机构的下方，能防止升降机构从立柱上意外滑落。底座中央有1个可移动的圆盘，即载物盘或台板，随底座配有毛玻璃台板和黑白台板各1块，供不同用途时选用。在底座中后部有1对弹性压片，用以固定昆虫和其他易动物体。底座台板孔的正下方装有12V/10W的卤素灯，转动底座右侧的亮度调节旋钮可以调整其照明亮度。

上光源：上光源通过2颗螺钉装于升降机构上，转动底座右侧的亮度调节旋钮可调整其照明亮度。上光源内配有带反光碗的12V/20W卤素灯。

眼罩：为了防止外来光线的干扰，目镜上多设有眼罩，便于更好地进行观察。

2. 搬运和放置体视显微镜

取用体视显微镜时，必须用右手握持柱，左手托住底座，小心平稳地取出或移动，严禁单手取用或移动。使用前必须检查附件是否完整以及镜体各部有无损坏，转动升降螺丝有无故障，若有问题立即报告。

3. 光源的调节与使用

开启前要检查光源是否位于最低亮度处。开启光源，透明玻片标本要用底光源（透射光源），实体标本一般用上光源（反射光源），使用过程中可根据需要调节光源的亮度。

4. 调节体视显微镜目镜间距

转动目镜筒，使两目镜间的宽度适合自己两眼间的距离。

5. 观察标本的放置

针插标本可以手持观察，也可插在泡沫板上进行观察；浸泡标本要放在玻片上或培养皿中进行观察，严禁直接放在载物盘上，以免将其污染。

6. 焦距的调节

首先根据观察标本的实际情况进行粗调，即先将锁紧手轮向逆时针方向拧松，将整个镜体沿导杆向上方提起至适当高度（视观察物体厚度灵活掌握），再将锁紧手轮向顺时针方向拧紧，即可开始使用。观察时，进行微调，即转动升降手轮、调节焦距，至看清视野内的物像为止。另一目镜若不清晰，可转动视度调节圈，直至两眼同时看到清晰的物像为止。在调节焦距时，转动升降螺丝不能太快。

7. 调整放大倍数

本书所讲的体视显微镜可调放大倍率为 6 倍、12 倍、25 倍以及 50 倍，观察时可根据需要转动倍率盘。

8. 镜头的保养

体视显微镜的镜头及各种零件不得随意拆卸。使用时若发现目镜或物镜上有异物，不能随意用手、抹布、手绢、衣服等擦拭，应使用洗耳球吹或擦镜纸轻轻擦拭。

9. 整理与归还

观察完毕后，关闭电源，移除观察物，将各部件恢复原位。松开升降手轮，将镜体轻轻下降到导杆最低位置，拧紧升降手轮，罩上防尘罩。如需将体视显微镜送还保管室，按取用体视显微镜的要求进行搬运与放置。

（二）描绘仪的操作方法

描绘仪是用来在图纸上对放大的物像进行描绘的工具。首先把描绘仪后方的光束转换柄拨至观察位置（红点标记侧），用调焦手轮对标本进行调焦，直至成像清晰；把描绘仪后方的光束转换柄拨至描绘位置（白点标记侧），转动投影物镜的滚花旋钮（描绘仪调焦旋钮），对纸面进行调焦。当标本及纸面均清晰后，即可开始绘图。

四、知识与技能考核

1. 掌握体视显微镜的取放、倍率调节、焦距调节以及描绘仪的使用方法。

2. 会使用双筒体视显微镜及描绘仪绘制所提供叶甲标本的轮廓图，并注明放大倍数。

实验二 昆虫体躯、口器及触角的基本构造

一、实验目的和要求

1. 了解昆虫体躯的一般构造，掌握昆虫纲的特征。

2. 掌握昆虫头式的类型及变化；熟悉昆虫头壳的一般构造，了解昆虫头壳上的沟、缝及其主要区域。

3. 通过解剖和观察，了解昆虫口器的基本结构和不同类型口器的构造特点；掌握昆虫咀嚼式口器、刺吸式口器的基本构造，并对二者进行重点识别。

4. 掌握昆虫触角的基本构造和类型；了解昆虫复眼、单眼的一般外部形状、数目。

二、实验材料和用具

（一）材料

棉蝗（或东亚飞蝗）、家蚕（或黏虫）幼虫、叶蜂幼虫、蝉、蝽、步甲、蜜蜂（或胡蜂）、牛虻、象甲、家蝇、菜粉蝶、雄蚕蛾、金龟子、蜻蜓、白蚁、埋葬虫、绿豆象（♀，♂）、叩头虫（♂）、摇蚊（♂）；其他昆虫口器的玻片标本等。

（二）用具

放大镜、体视显微镜、解剖针、载玻片、小培养皿、蜡盘、镊子、大头针、铅笔、橡皮等。

三、实验内容和方法

(一)了解昆虫纲的基本特征

以棉蝗为代表，观察昆虫体躯的一般构造。

取棉蝗浸泡标本 1 头，使其头向左，侧放于蜡盘中，用大头针自后胸插入，将虫体固定在蜡盘上。把盖在虫体背面的覆翅和折叠着的后翅用镊子拉开，分别用大头针固定在蜡盘上，使两翅向上伸展而不遮盖体躯，然后进行观察。

根据对标本的观察，掌握昆虫体躯分段、分节及排列情况。观察时注意以下问题：昆虫体躯是否左右对称？体躯表面质地如何？昆虫的胸部由几个体节组成以及能否自由活动？胸足、翅在各胸节上着生于什么位置？中、后胸的两侧各着生几对气门？用镊子夹住蝗虫的腹部并轻轻拉动，观察其腹部共有多少节，各节是如何连接的。

试描述昆虫纲成虫期的基本特征，并从以下几个方面进行思考：(1)昆虫的体躯由若干环节组成，集合成头、胸、腹 3 个体段；(2)昆虫的头部是取食和感觉的中心，具有口器和触角，通常还有复眼和单眼；(3)昆虫的胸部是运动和支撑的中心，成虫具有 3 对足，一般还有 2 对翅；(4)昆虫的腹部是生殖与代谢的中心，包括生殖系统和内脏，无行走附肢。

(二)观察昆虫的头式和头壳的构造

通过观察棉蝗、步甲和蝉，了解昆虫头式的类型，思考头式变化的意义。

昆虫头部由 4 或 6 个体节愈合形成一个坚硬的头壳。观察头壳上的缝、沟(图 2-1)。以鳞翅目幼虫为材料观察其头部背面的一条倒“Y”形线(蜕裂线)。

取棉蝗、家蚕(或黏虫)幼虫各 1 头，仔细观察昆虫头壳上的 7 条沟：颅中沟(观察家蚕幼虫)、额唇基沟(观察棉蝗、家蚕幼虫的额唇基沟，并注意二者的区别)、额颊沟、颊下沟、后头沟(棉蝗后头沟在近头顶处，较退化)、次后头沟以及围眼沟。

观察昆虫头壳上的主要分区。以棉蝗为代表，观察以下分区：额唇基区、颅侧区、颊下区、后头区、次后头区。

额唇基沟：又称口上沟，是位于两上颚前关节之间的横沟。沟的上面部分是额，下面部分是唇基。通常将额与唇基合称为额唇基区，构成头壳的前面。此沟两端有 2 个陷口，称前幕骨陷。

额颊沟：是由上颚前关节向上伸至复眼下面的纵沟，是额与颊的分界线。两沟间的区域为额，沟的外侧部分为颊。此沟在高等昆虫中已消失。

后头沟：是两上颚后关节向上环绕后头孔的第二条马蹄形沟。沟后的窄条骨片称后头，颊后的部分称后颊。

次后头沟：是环绕后头孔的第一条马蹄形沟。在此沟近两侧下端的陷口，称为后幕骨陷。沟后的骨片称为次后头，次后头与颈膜相连。因此，必须将头拉出才能观察到，并可看到沟的侧面有两个后头突，它们是颈部侧颈片的支接点。

颊下沟：是额颊沟与次后头沟间的1条横沟，沟下的部分称为颊下区。

蜕裂线：是头顶中央 1 条倒“Y”形线，蜕皮时由此裂开，其两侧臂常为额的上界（图 2-1）。头壳的上面部分为头顶，它与颊合称为颅侧区。头顶与颊之间没有沟。此外，还有环绕复眼的围眼沟，环绕触角的围角沟等。

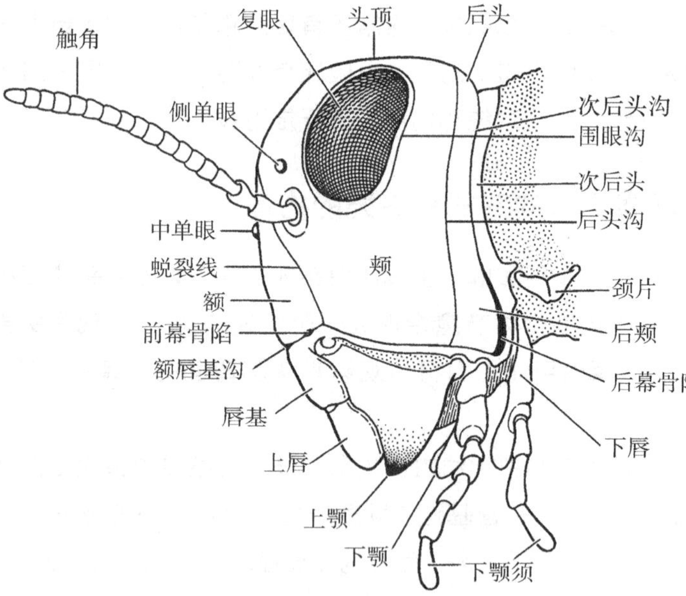

图 2-1　有翅亚纲昆虫头部侧面观图(仿 Snodgrass)

（三）观察昆虫的头式

昆虫的头式常根据口器在头部着生位置或方向的不同分成下口式、前口式和后口式三类。观察所提供昆虫标本的头式类型。

1. 下口式

口器向下，约与体躯纵轴垂直。这类昆虫大部分是植食性昆虫，其取食方式比较原始，如蝗虫、黏虫幼虫等。

2. 前口式

口器向前，与体躯纵轴呈钝角或近乎平行。这类昆虫多为捕食性昆虫，如步行虫、草蛉幼虫等。

3. 后口式

口器向后斜伸，与体躯纵轴成锐角，不用时常弯贴在身体腹面。此类昆虫多具刺吸式口器，如蝉、蚜虫和蝽等。

（四）观察咀嚼式口器的基本特征

以直翅目蝗虫为例（图 2-2），观察咀嚼式口器的结构特点。

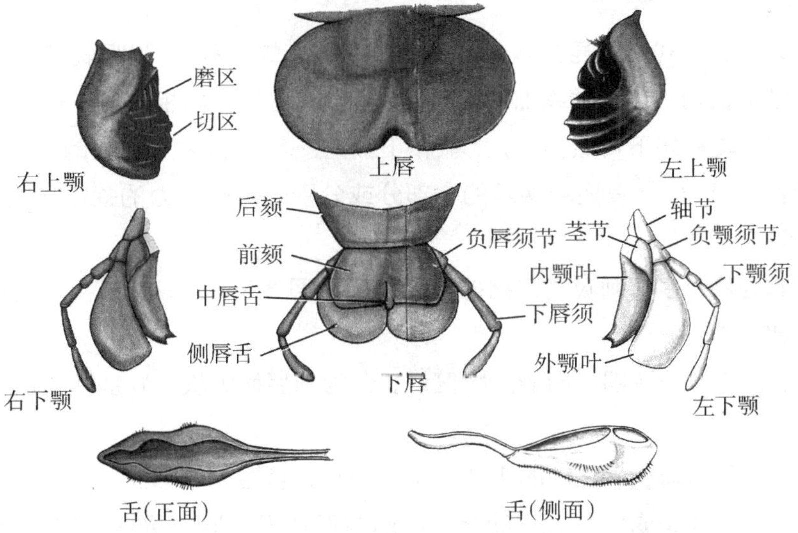

图 2-2　蝗虫咀嚼式口器的基本结构

1. 上唇

1 个，位于唇基的下面，内壁柔软，具毛和味觉器，称内唇。上唇有帮助食物进口的功能。

2. 上颚

1 对，位于上唇的下面，棕褐色。上颚特别发达且坚硬，内侧有齿，用来切碎和咀嚼食物。

3. 下颚

1 对，位于上颚的下面，其外侧各有 1 条下颚须，有触觉作用。下颚可用来抱持食物、帮助上颚咀嚼食物。

4. 下唇

1 对，位于下颚的下方，形成口器的下覆盖。其基部有一弯月形的亚颏，亚颏上方为颏，颏上方为前颏，中间有一较小的中唇舌，前端外侧有 1 对较大的侧唇舌，在前颏两侧有 1 对下唇须。下唇有防止食物逃逸的作用。

5. 舌

1 个，为狭长的囊状。位于口器的中央，用来帮助吞咽食物。

（五）观察刺吸式口器的基本特征

常见的刺吸式口器昆虫有蝉、蚜虫、粉虱、蚊子等。刺吸式口器适宜于刺破或吸食植物汁液和动物血液。与典型的咀嚼式口器相比，在构造上有一系列变化，具有如下特点:（1）上颚和下颚的一部分转化成细长的口针;（2）下唇延长呈喙;（3）食窦和咽喉的一部分或分别形成强有力的抽吸构造——唧筒（或泵）。

以蝉为例，了解刺吸式口器的结构特点（图 2-3）。取蝉 1 头，观察其头部的外部形态。

（1）唇基位于头部前面的广大区域，分为前后两大块，分别称为前唇基和后唇基。

（2）上唇为前唇基之前的 1 个三角形小片，紧贴在喙基部。

（3）下唇延长成分为 3 节的喙，前面内凹成槽，槽内藏有 4 根口针。煮过的标本 4 根口针可以全部露出来，未煮的标本需用解剖针从唇槽内把口针挑出，一般只见到 3 根口针，因为有 1 对下颚口针嵌合得很紧，不易分开。

（4）口针侧面的 1 对为上颚，中间的 1 对是下颚。 上颚口针较粗，主要用来刺破植物组织。 下颚口针较细，每针内侧有 2 条槽，两针嵌接分别组成食物道和唾道。 4 根口针的基部均由头部腹壁的囊内伸出。

（5）舌位于口针基部口前腔内，为一突出的舌叶，其两侧扩展形成舌侧片，嵌接在唇基和茎节（下颚叶）之间，成为头壳的一部分。 用针拨动唇基，可看到舌侧片是舌的扩展部分。

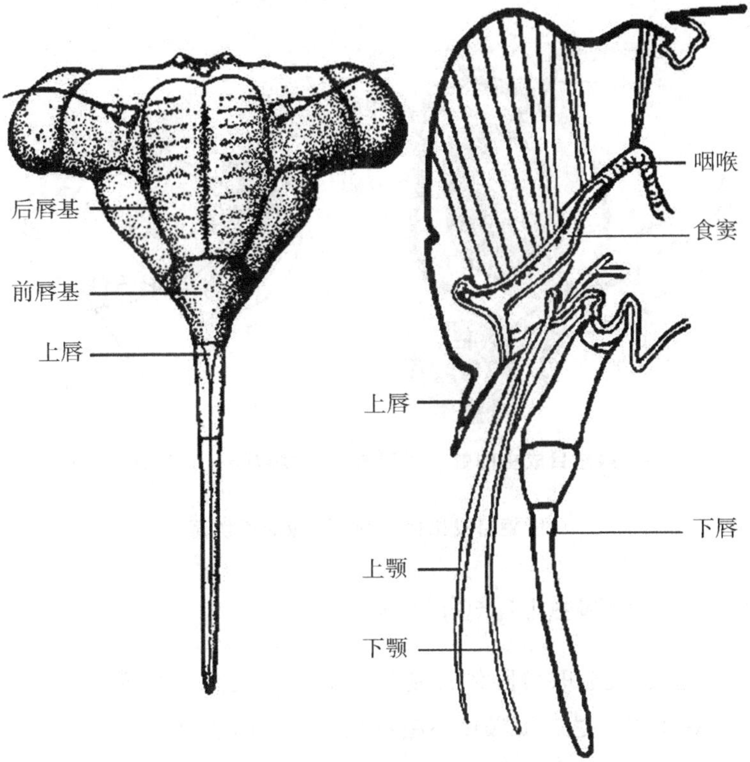

图 2-3　蝉的刺吸式口器(仿周尧)

观察蝉口器横切面玻片标本，了解食物道与唾道的构成情况。 前面较粗的为食物道，后面较细的为唾道。 可见到两下颚口针的嵌合缝，这一构造适于口针前后滑动而使二者不易分离。

（六）观察虹吸式口器的基本特征

虹吸式口器适合于吸吮深藏在花底的花蜜，为鳞翅目成虫所特有。 主要构造是 1 个长而能卷曲的喙和 1 个发达的食窦——咽喉唧筒。取天蛾浸泡标本 1 头，把头部取下，放入含有水的培养皿中，用镊子夹住卷曲的喙，用细昆虫针把额、唇基、上唇等附近的鳞片轻轻地去除干净，然后在水中或捞出来去水进行观察。重点观察**上唇**(在头壳最前缘的 1 条狭窄的横片)、**内唇**(把喙基部往下压，即可从上唇的前缘露出三角形状半透明薄片)、**下唇须**(把喙的卷曲部分剪去，将头壳翻转，从腹面观察，可见到发达的下唇须)、**下颚**(口器的主要组成部分，轴节、茎节陷入头内)以及**喙**(由外颚叶延长形成，由细小的骨化环和膜质组成)。

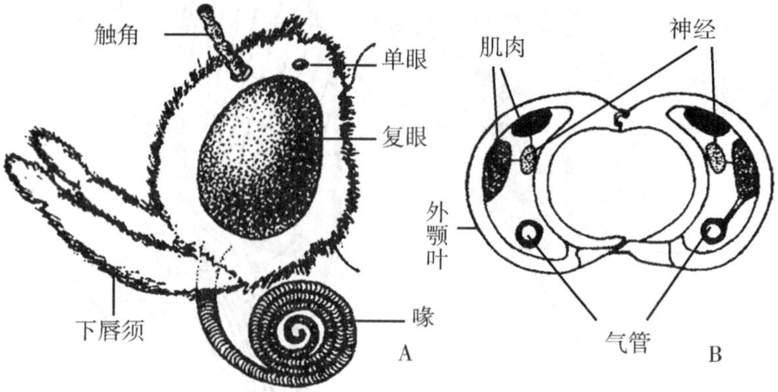

图 2-4　鳞翅目成虫的虹吸式口器(A **仿彩万志**;B **仿** Eidmann)

A.**鳞翅目成虫侧面观**;B. **喙的横切面**

(七)观察嚼吸式口器的基本特征

嚼吸式口器是既能取食固体食物(如花粉)又能取食液体食物的一类口器。其特点是上颚发达，下颚和下唇特化为一个吸吮结构。

以蜜蜂为例，观察嚼吸式口器的结构特点。取蜜蜂 1 头，重点观察**上唇**(为宽大的薄片，近似横长方形)、**内唇**(掀开上唇，可见其下面近似膜质的内唇)、**上颚**(长大，基部与端部较粗，中部较细，端部内侧凹成 1 条沟，无端齿，也无基齿)、**下颚**、**下唇**以及**舌**。蜜蜂的喙只在吸食液体食物时才由下颚、下唇的有关部分拼合起来形成食物道，不用时则分开并弯折于头下。只有在吸食液体食物时，露出上颚，才能发挥上颚的咀嚼和筑巢等功能。

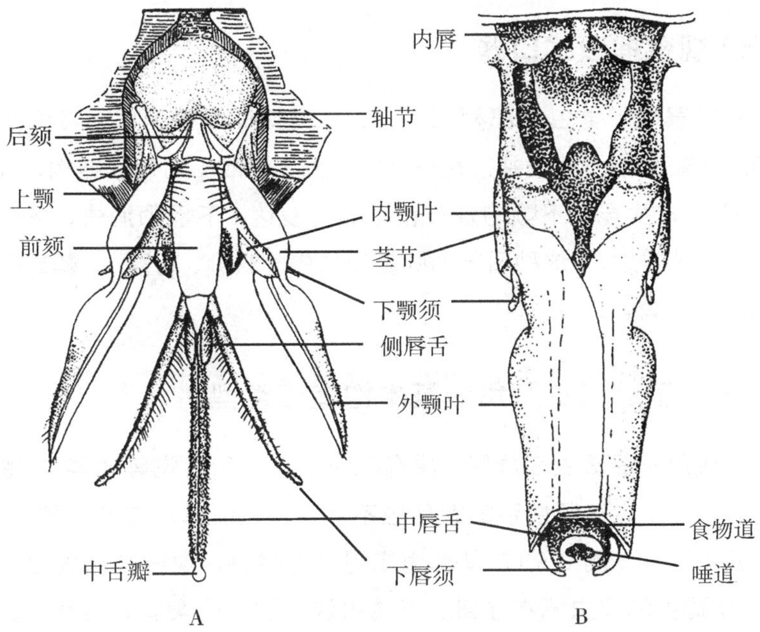

图 2-5　蜜蜂嚼吸式口器(仿 Snodgrass)

A.后面观;B. 喙基部前面观

(八)观察舐吸式口器和刮吸式口器

舐吸式口器适于舐食和吸取物体表面的液体食物、被其唾液溶化的食物（如糖）及悬浮的固体微粒。舐吸式口器为双翅目环裂亚目昆虫的成虫所特有，其构造特点是下唇形成 1 条短喙，端部有 1 个很大的盘状构造，称为唇瓣；上唇和舌延长组成食物道和唾道。取 1 头用 10%的 KOH 溶液煮过的家蝇成虫头壳标本，从前面观察，可见到 1 对具芒状触角，触角基部下方是额。口器从外观上看，可见到 1 个粗短的喙，由**基喙**、**中喙**以及**端喙**三部分组成。

刮吸式口器非常退化，通常仅可见 1 对口钩，为双翅目蝇类幼虫（蛆）所特有。

(九)观察锉吸式口器

锉吸式口器为缨翅目蓟马所特有，能取食植物汁液和软体昆虫的体液，少数种类也刺吸人血。其构造特点为左右上颚不对称，2 根下颚口针嵌合成食物道，舌和下唇间的空隙为唾道。

（十）观察捕吸式口器

捕吸式口器位于昆虫头部两端，2 个上颚延长成镰刀状，其腹面纵凹成槽，下颚的外颚叶相应延长并紧贴于上颚下面，组成 1 对刺吸结构，故又称双刺吸式口器。这类昆虫下颚的轴节和茎节不发达，下颚须消失，下唇也不发达，但下唇须较发达。这种口器为脉翅目幼虫（蚁狮、蚜狮）、鞘翅目萤科和龙虱科幼虫所特有。

（十一）了解昆虫触角的基本构造和类型

昆虫的触角一般着生在额区，具有感觉、嗅觉和听觉等功能。触角变化很大，有时同种昆虫不同性别的触角也不尽相同，但基本构造一致。观察昆虫触角的基本结构（图 2-6），以蜜蜂或胡蜂为材料，观察其触角由哪三节组成。针对所提供的昆虫标本仔细观察昆虫触角的变化类型，特别注意同种昆虫不同性别触角的区别。

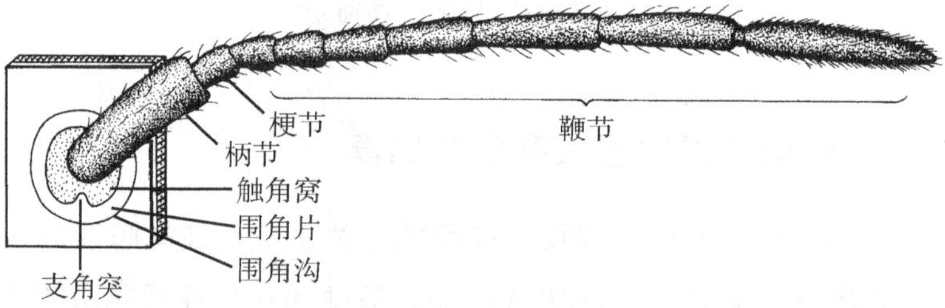

图 2-6 昆虫触角的基本结构(仿彩万志)

昆虫触角的变化一般发生在梗节和鞭节上，可以归纳为若干主要类型。

丝状(线状)：各节粗细相似，整个触角细长如线，如东亚飞蝗和一些蛾类的触角。

刚毛状：触角短小，基部 1、2 节较粗大，鞭节突然缩小，细如刚毛，如蜻蜓和叶蝉的触角。

念珠状：各节略呈球形，大小相似，整个触角像一串念珠，如白蚁、褐蛉和一些甲虫的触角。

锯齿状：鞭节各亚节向一边突出，略呈三角形，状似锯齿，如芫青、叩头甲雄虫，绿豆象雌虫的触角。

栉齿状：鞭节各亚节向一边伸出枝状突起，形似梳子，如绿豆象雄虫的触角。

双栉状(羽毛状)：毒蛾和雄性蚕蛾等的触角鞭节各亚节向两边伸出枝状突起，形似羽毛。

膝状(肘状)：柄节长，梗节短小，二者形成一角度，呈膝状或肘状弯曲，鞭节由一些相似的亚节组成，如蜜蜂和蚂蚁的触角。

具芒状：触角短，鞭节不分亚节，最粗大，其背侧面着生一芒状构造，称触角芒。此芒可以是一根刚毛或羽状毛，如蝇类的触角。

环毛状：鞭节各亚节环生细毛，如蚊科雄虫的触角。

棍棒状(球杆状)：端部数亚节膨大形成球形，其他各节细长如杆，如蝶类的触角。

锤状：端部数亚节突然膨大，集合成锤状，如埋葬虫和瓢虫的触角。

鳃叶状：端部数亚节向一边扩展成片状，合起来像鱼鳃，如金龟子的触角。

（十二）了解昆虫复眼和单眼的形状、数目及其排列方式

复眼和单眼是昆虫的感光器官。

复眼一般位于头部侧上方，常为圆形或卵圆形，一般由若干个小眼组成。在各类昆虫中，其形状、大小以及小眼数目等都有所不同。以棉蝗为代表，观察其复眼的形状、数目和着生位置，同时比较蝗虫、胡蜂、牛虻的复眼。

昆虫的单眼分为背单眼与侧单眼两类。背单眼见于成虫及不完全变态类幼虫，侧单眼只见于完全变态类幼虫。观察棉蝗和家蚕（黏虫）幼虫的单眼，描述其着生位置、数目以及排列方式。

四、知识与技能考核

1. 绘制蝗虫头部前面观的线条图，注明沟与区的名称。
2. 观察并解剖棉蝗口器（确保各部分的完整性，注明主要结构的名称）。
3. 请列表比较咀嚼式口器和刺吸式口器的构造特点。举例说明哪些昆虫的口器属于刺吸式口器。
4. 绘制某一昆虫的触角构造图，并注明各节名称。

5. 描述所观察的几类昆虫单眼的类型、数目、着生位置及排列情况。

6. 请填写下列昆虫的口器类型。

昆虫名称	虫态	口器类型
蝗虫	若虫	
	成虫	
蜚蠊	若虫	
	成虫	
烟粉虱	若虫	
	成虫	
家蚕	幼虫	
	成虫	
家蝇	幼虫	
	成虫	
蜜蜂	幼虫	
	成虫	

实验三
昆虫胸、腹部及足和翅的基本结构

一、实验目的和要求

1. 通过实验观察，掌握昆虫胸部和腹部的基本结构。
2. 掌握昆虫胸足和翅的基本结构与类型。
3. 通过对毛翅目昆虫脉序的观察，掌握昆虫假想脉序的特点。
4. 了解脉序的变化和翅的连锁方式。

二、实验材料和用具

（一）材料

棉蝗（♀和♂）的浸泡标本；蟋蟀（♀）、螽斯（♀）、蝼蛄、竹节虫、螳螂、蜚蠊、蝉（♀和♂）、犀金龟（♂）、龙虱（♂）、水龟虫、金龟子、瓢虫、食虫虻、蜜蜂、蜻蜓（♂）、家蝇、蝽、菜粉蝶、天蛾（♀和♂）、草蛉、蠼螋、姬蜂、小蜂的针插标本；石蛾（前翅）、虱、跳虫和蓟马的玻片标本；石蛾、蜉蝣、雄蛾的浸泡标本。

（二）用具

体视显微镜、解剖针、镊子、载玻片、小培养皿、蜡盘等。

三、实验内容和方法

（一）观察昆虫胸部的基本结构

以棉蝗为例，观察昆虫胸部的基本结构。取浸泡的棉蝗 1 头，观察其胸部的分节及连接情况，胸足和翅的着生位置，背板、侧板和腹板的划分及连接情况等。

1. 前胸

前胸背板：蝗虫的前胸背板特别发达，向前盖过颈部，向后盖住中胸前端，两侧向下延伸盖住侧板，整个前胸背板呈马鞍形。背板中央有纵向的中隆线。多数昆虫的前胸背板结构简单，常为一狭片，但由于无翅，不受飞行机械的限制，其大小、形状在不同类群中有很大的变化。

观察螳螂、角蝉和犀金龟的前胸特化情况：螳螂的前胸背板向两侧不同程度扩展，角蝉的前胸背板扩展呈各种奇异的角状突起，犀金龟的前胸背板上常有一至数个大突起（图 3-1）。

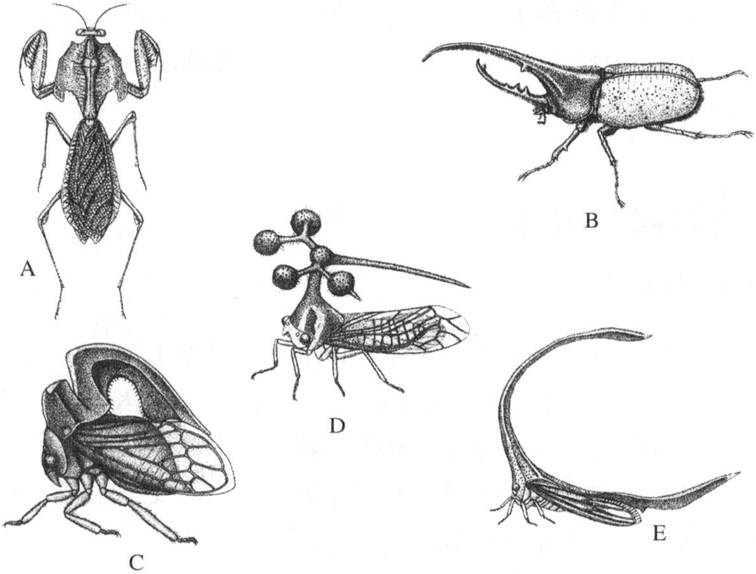

图 3-1　几种前胸背板特化的昆虫(仿周尧等)

A.螳螂；B. 犀金龟；C～E. 角蝉

前胸侧板：位于前胸侧面，构造简单。蝗虫的侧板一般不发达，大部分被前胸背板盖住，仅前下角外露三角形小骨片，为侧板的前侧片。

前胸腹板：前胸腹板多不发达，但有些类群有特别的构造。如棉蝗、稻蝗等前胸腹板上有明显的锥状或圆柱状突起，称为前胸腹板突，其大小与形状是重要的分类特征。观察所提供蝗虫有无前胸腹板突，若有，进一步观察其形状。

2. 具翅胸节

具翅胸节即中、后胸，其特点是背板、侧板和腹板都很发达，彼此紧密连接，而且有明显的沟，形成一个坚强的飞行支持结构。

背板：将浸泡过的棉蝗背面向上，头向前，固定在蜡盘中，再把前后翅展开固定，然后观察中胸背板的构造。具翅胸节的背板依次被前脊沟、前盾沟和盾间沟分为端背片、前盾片、盾片和小盾片。端背片位于前脊沟之前，棉蝗的端背片是背板最前端的狭长骨片，前脊沟和前盾沟在中央一段靠得很近。前盾片是前脊沟与前盾沟间的狭长骨片。盾片是背板中央最大的骨片。小盾片是盾间沟之后的略呈三角形的骨片。

后胸背板的端背片已被中胸盖住，其小盾片后面的后背片由第 1 腹节端背片向前扩展而成，与后胸小盾片接合很紧，形成后胸背板最后一部分。

侧板：将棉蝗侧放于蜡盘中，固定后，再用解剖针将翅展开固定于蜡盘中，然后进行观察。每节的侧板上方与翅基部有膜质相连，侧板下方以侧腹沟及基节窝与腹板分界。具翅胸节的侧板通常很发达，中间有一条深的纵向侧沟，将侧板分为前面较大的前侧片和后面较小的后侧片。侧沟的上端膨大形成侧翅突，下端膨大形成侧基突，分别顶接在翅的第 2 腋片和足的基节上，构成翅与足的运动关节。侧翅突前面的小骨片称为前上侧片，侧翅突后面的小骨片称为后上侧片，连于上侧片的肌肉控制着翅的转动和倾斜。前侧片和前盾片并接形成翅前桥，后侧片和后背片并接形成翅后桥。侧板在基节窝前后与腹板并接，分别形成基前桥和基后桥。

腹板：将棉蝗的腹面向上，可见中胸腹板合并形成 1 大块甲状结构，即为腹板，中胸腹板的沟缝将腹板划成“凹”字形。具翅胸节上常有两个明显的沟，前面的一条为前腹沟，后面的称为腹脊沟。前腹沟和腹脊沟将主腹片分为前面 1 条狭长的前腹片、后面 1 块大的基腹片和 2 块小的小腹片，腹脊沟的两端常内陷成中胸腹内突陷。

后胸腹板的沟缝将腹板划成“凸”字形，无前腹片，基腹片的前段突伸到中胸的 2 个小腹片之间，腹脊沟的两端内陷为后胸腹内突陷。

（二）观察昆虫胸足的基本结构

昆虫的胸足由 6 节组成，从基部向端部依次为基节、转节、腿节（或股节)、胫节、跗节和前跗节(图 3-2)。各节间以膜相连，并由 1～2 个关节相连接。以棉蝗前足为例，观察昆虫胸足的基本构造。

基节：足最基部的一节，常粗短，多呈圆锥形。但捕食性的种类前足基节很长，如螳螂和部分猎蝽的前足基节。

转节：一般较小，略呈圆筒形，大多数昆虫为 1 节，但蜻蜓等少数昆虫的转节为 2 节。基部与基节以前、后两个关节相连，端部常与腿节紧密相连。

腿节：又称股节，通常是足最发达的一节，呈长筒形，基部与转节紧密相连，端部与胫节以关节连接。捕食性昆虫足的腿节表面，特别是腿节内侧常具有齿或刺。膜翅目细腰亚目的部分种类腿节基部形成一个拟转节。

胫节：一般细长，捕食性昆虫胫节内侧常具刺或齿。螳螂目、半翅目等昆虫胫节具叶状扩展，螽斯和蟋蟀的前足胫节上具听器。

跗节：通常较短小，可分为 1～5 个跗分节，各跗分节间以膜相连，可以活动。跗节在各类昆虫中变化较大，同种昆虫各对足跗节的亚节数也可能不同。

前跗节：昆虫胸足的最后一节，昆虫前跗节通常有 2 个侧爪。在一些双翅目和鞘翅目昆虫中，2 个侧爪下面有瓣状的爪垫。蝗虫前跗节具 1 对爪和 1 个中垫。

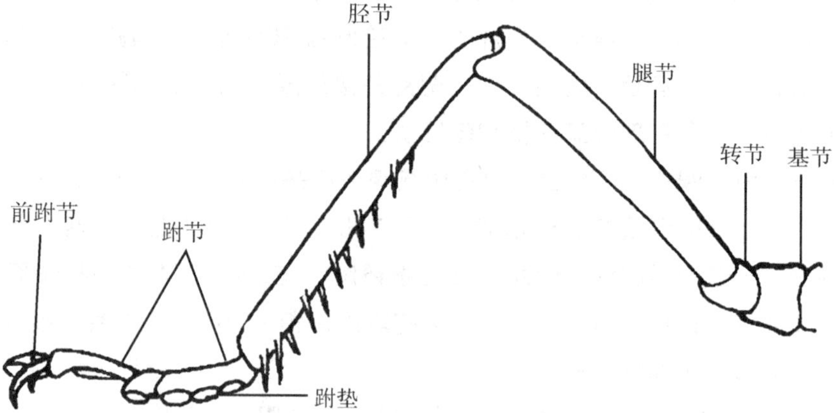

图 3-2　棉蝗胸足的基本构造(仿雷朝亮)

观察蜻蜓、金龟子、家蝇和蜜蜂的胸足，注意其中的一些变化和特殊结构。家蝇的前跗节具爪间突和爪垫，螽斯的前足胫节具听器，蜜蜂前足上具净角器。

（三）了解昆虫胸足的类型，观察其结构特点

大部分昆虫的胸足是适于行走的器官，但由于生活环境和行为习性的不同，足的形态和功能发生了相应的变化。根据其结构和功能，可把昆虫的足分为不同的类型。昆虫胸足的常见类型有行走足、跳跃足、捕捉足、开掘足、游泳足、抱握足、攀握足和携粉足。

观察昆虫的各类胸足，注意各类胸足的结构特点。

行走足：一般较细长，足的各节无显著的特化，适于行走，是昆虫中最常见的胸足类型，如蜚蠊和步甲的足（图 3-3，A）。

跳跃足：腿节特别发达，胫节细长，适于跳跃，可使虫体跳起，如蝗虫、蟋蟀和跳甲的后足（图 3-3，B）。

捕捉足：基节多延长，腿节发达，腿节和胫节的相对面上有齿或刺形成的捕捉结构，如螳螂和猎蝽的前足（图 3-3，C）。

开掘足：足短而粗壮，胫节和跗节常宽扁，外缘具齿，适于掘土和拉断植物的细根，如蝼蛄和金龟子的前足（图 3-3，D）。

游泳足：呈扁平桨状，生有较密的长缘毛，形状似桨，适于划水，如龙虱的后足（图 3-3，E）。

抱握足：足的各节较粗短，跗节的 1～3 节特别膨大，且腹面具吸盘状结构，交配时用以抱持雌虫，如雄性龙虱的前足（图 3-3，F）。

攀握足：足的各节较粗短，胫节端部具 1 指状突，前跗节特化成弯爪状，构成钳状结构，用于夹住人、畜的毛发等，如虱类的足（图 3-3，G）。

携粉足：胫节宽扁，侧缘有长毛，外侧构成携带花粉的“花粉篮”，基跗节大而扁，内侧有 10～12 排硬毛，形成“花粉刷”，用以梳刷附着在体毛上的花粉，如蜜蜂的后足（图 3-3，H）。

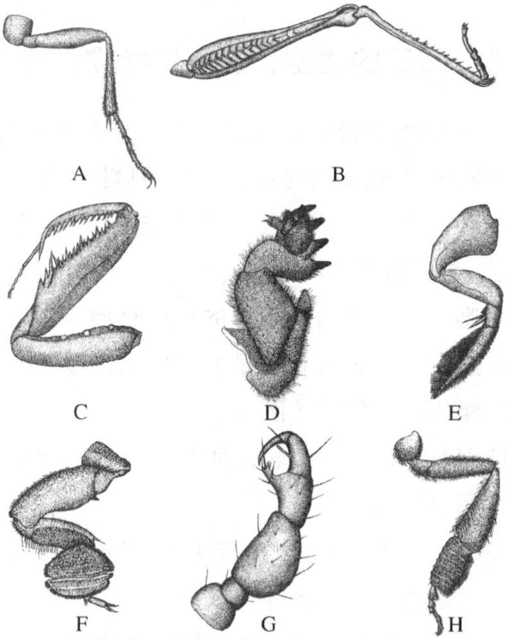

图 3-3 昆虫胸足的基本类型(A～F、H 仿周尧;G 仿彩万志)

(四)观察昆虫翅的基本结构，了解其类型

1. 翅的基本构造

以棉蝗的后翅为材料观察翅的 3 缘（前缘、外缘、内缘或后缘）、3 角（肩角、顶角和臀角）、3 褶（基褶、臀褶和轭褶）、4 区（腋区、臀前区、臀区和轭区）(图 3-4)。

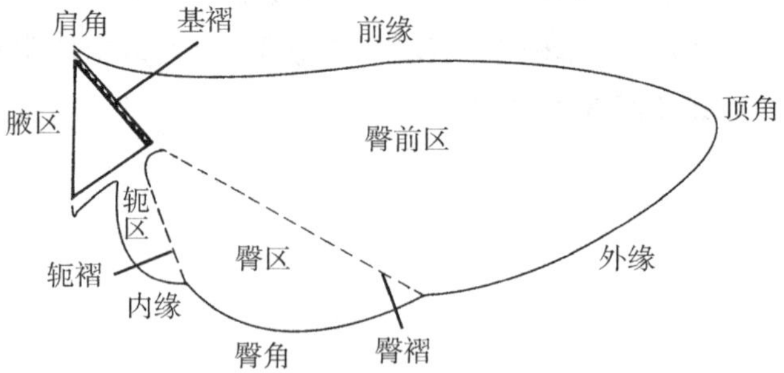

图 3-4 昆虫翅的基本结构(仿 Snodgrass)

棉蝗的后翅很薄，膜质、透明，两层膜间的翅脉清晰可见。观察时注意翅的厚薄和翅脉分布的疏密程度（在翅的前缘与后缘、翅基与翅尖间的差别）。

2. 翅的关节

取棉蝗 1 头，将其固定于蜡盘中，把翅展开，用水淹没，置于体视显微镜下。观察蝗虫翅基的关节骨片，即肩片、腋片和中片，注意它们的形状、位置、相互关系以及与背板、侧板的连接情况（图 3-5）。蝗虫前翅的腋片比后翅的标准，观察时可选用前翅。

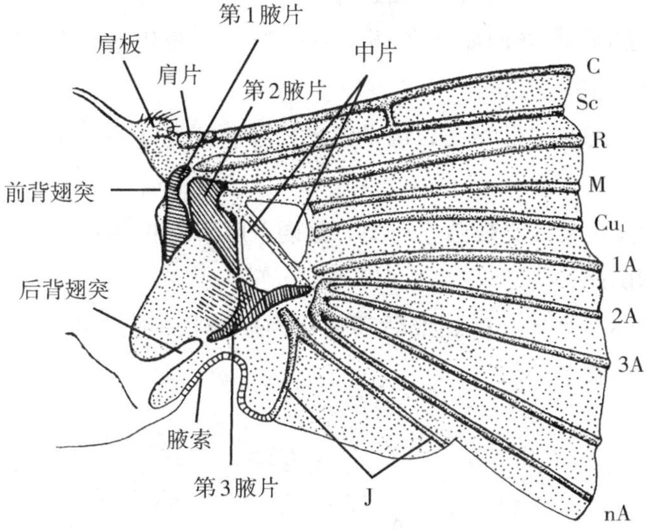

图 3-5　**翅的关节(仿** Snodgrass)

中片：用镊子夹住翅，让其向前、向后移动，使翅展开或折叠，这时可见在翅基的中部，有 2 块骨片沿一膜质带向上竖起，这一膜质带就是基褶，里面的骨片为内中片，前面的骨片为外中片。当翅折叠时，两中片沿基褶折叠；当翅展开时，两中片平展。前翅的内中片为三角形，位于第 2 腋片与外中片之间，与第 2 腋片间有 1 条窄缝，后面与第 3 腋片结合。外中片接近三角形，外缘与径脉（R）及第 2 腋片前外端角连接，后面与内中片连接。

3. 翅的类型

根据所提供的各种昆虫标本，观察不同类型翅的结构特点（图 3-6）。

膜翅：翅膜质，薄而透明，翅脉清晰可见（图 3-6，A），如蝉和蜜蜂的翅。

毛翅：翅的质地为膜质，但翅面与翅脉上具毛，多呈不透明或半透明（图 3-6，B），如石蛾的翅。

鳞翅：翅的质地为膜质，但翅面被许多鳞片，外观多不透明（图 3-6，C），如蝶和蛾的翅。

缨翅：翅狭长如带，膜质透明，翅脉退化，翅的边缘有很多缨状长毛（图 3-6，D），如蓟马的翅。

半覆翅：臀前区革质，其余部分膜质（图 3-6，E）。翅折叠时臀前区覆盖住臀区和轭区，起保护作用，如大部分竹节虫的后翅。

覆翅：前翅质地坚韧如皮革质，有翅脉，主要用于保护身体（图 3-6，F），如蝗虫和叶蝉的前翅。

半鞘翅：翅的基半部革质，端半部膜质并有翅脉（图 3-6，G），如大多数蝽类的前翅。

鞘翅：翅完全骨化，翅脉不可见，坚硬，用于保护身体（图 3-6，H），如鞘翅目昆虫的前翅。

棒翅：又称平衡棒，前翅或后翅特化为棍棒状（图 3-6，I），如蚊、蝇类的后翅，捻翅目雄虫的前翅。

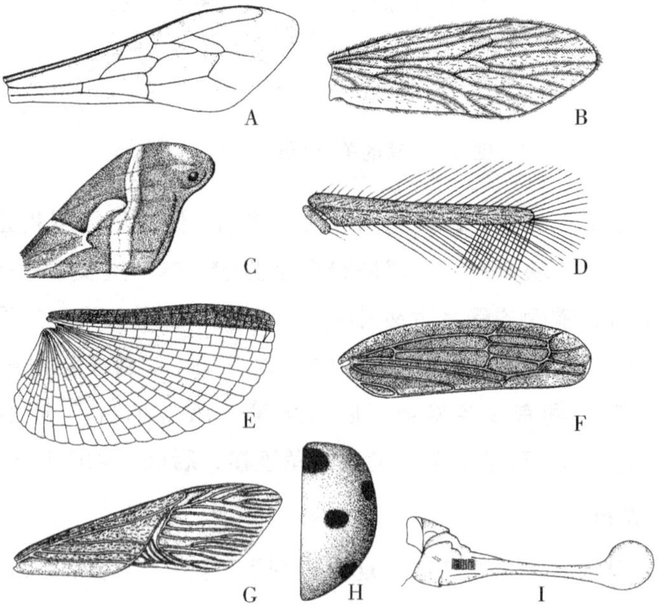

图 3-6　昆虫翅的基本类型（仿彩万志）

（五）观察昆虫翅的脉序及其变化

1. 假想原始脉序

假想原始脉序由 7 条主纵脉和 6 条横脉组成（图 3-7）。 7 条主纵脉由前至后依次为前缘脉（C）、亚前缘脉（Sc）、经脉（R）、中脉（M）、肘脉（Cu）、臀脉（A）和轭脉（J）。

前缘脉(C): 位于翅的最前缘的一条不分支的脉，通常形成翅的前缘。

亚前缘脉(Sc): 位于前缘脉之后，通常为 2 支或不分支。

径脉(R): 通常为最强的一条脉，位于亚前缘脉之后，分 5 支。 由主干分为 2 支，前支为第一径脉（R_1），后支为径分脉（Rs），径分脉经两次分支后成为 4 支，分别为第 2、3、4、5 径脉（R_2、R_3、R_4、R_5）。

中脉(M): 位于翅的中部，径脉之后，主干分为前中脉与后中脉，前中脉分 2 支，后中脉分 4 支。 绝大多数昆虫的前中脉已经消失，只剩 4 支后中脉，通常用 $M_{1\sim4}$表示。

肘脉(Cu): 位于中脉之后，主干分 2 支，称为第一肘脉（Cu_1）和第二肘脉（Cu_2）。 第一肘脉常分为第一前肘脉（Cu_{1a}）与第一后肘脉（Cu_{1b}）。 第二肘脉不分支。

臀脉(A): 位于臀褶之后的臀区内，通常 3 条，分别为第一臀脉（1A）、第二臀脉（2A）和第三臀脉（3A）。

轭脉(J): 有些昆虫臀区后有轭区，常有 2 条轭脉，称为第一轭脉（1J）和第二轭脉（2J）。

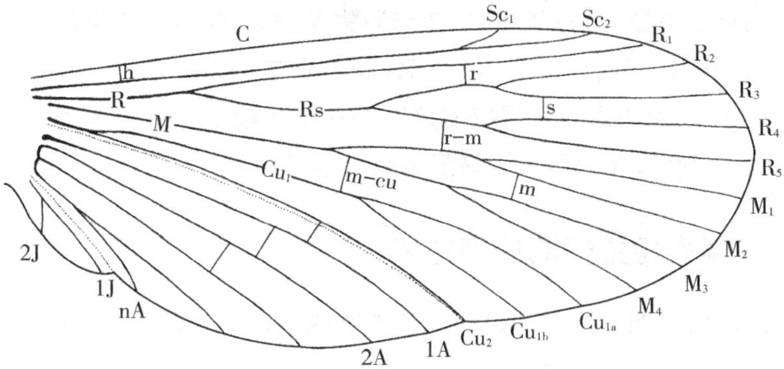

图 3-7　昆虫的假想原始脉序(仿 Ross)

现代昆虫的纵脉间常有横脉（表 3-1），其名称主要根据其所连的纵脉而命名（肩横脉除外）。观察石蛾脉序，取石蛾的前翅玻片标本于体视显微镜下观察，辨认各条纵脉及横脉，与较通用的假想原始脉序进行对照，绘制石蛾前翅的脉序图并标注各脉名称及位置。

表 3-1 假想原始脉序中的横脉

横脉名称	简写	连接的纵脉
肩横脉	h	C 和 Sc（在近肩角处）
径横脉	r	R_1 与 R_{2+3} 或 R_1 与 R_s
分横脉	s	R_3 与 R_4 或 R_{2+3} 与 R_{4+5}
径中横脉	r-m	R_{4+5} 与 M_{1+2}
中横脉	m	M_2 与 M_3
中肘横脉	m-cu	M_{3+4} 与 Cu_1

2. 翅脉的变化

（1）翅脉的增多。

原有纵脉出现分支，这种分支称为副脉；在两条纵脉间加插一些较细的纵脉，这种称为加插脉或闰脉。观察草蛉、蜉蝣、蜻蜓和棉蝗的翅脉：草蛉的 R 脉出现很多分支，并在外缘分叉；蜉蝣的 R_3 与 R_{4+5} 脉间加插 1 条纵脉 IR_3；蜻蜓的 R_2 与 R_3 脉后面分别加插纵脉 IR_2 和 IR_3；棉蝗的前翅中室内有中闰脉。

（2）翅脉的减少。

翅脉的减少主要分为翅脉的合并与消失两类。观察蝶或蛾后翅脉序，其 Sc 与 R_1 脉合并为一条脉（$Sc+R_1$），Rs 脉不分支，M 脉的中干消失，M 脉只分 3 支等。膜翅目与双翅目昆虫的翅脉都有不同程度的合并与消失，如小蜂的前、后翅都仅有 1 条翅脉，蓟马至多有 2 条长的纵脉。

（六）观察昆虫翅的连锁方式

昆虫的前后翅能一致行动是翅的连锁器的作用结果。翅的连锁器主要有以下 6 种类型。

翅抱型：观察菜粉蝶的前后翅，其后翅前缘基部加宽，并在亚前缘脉上连有一至数条肩横脉加强翅基部的强度，飞行时靠空气压力连在一起。

翅轭型：观察石蛾（浸泡标本）的前翅。其前翅基部轭区向后伸出呈指状突起，即轭叶或翅轭，飞行时伸到后翅前缘下面夹住后翅。

翅缰型：观察天蛾翅上的翅缰和翅缰钩，注意比较雄蛾与雌蛾翅缰的数目、粗细、长短及翅缰钩的位置有何不同。大部分蛾类后翅前缘基部有 1～9 根粗鬃毛，称为翅缰；在前翅基部的反面有一簇毛，称为翅缰钩。翅缰插入翅缰钩内形成翅缰连锁器。

翅褶型：观察蝉的前后翅，其前翅后缘向腹面卷折，后翅前缘向背面卷折，飞行时前翅与后翅的卷褶挂连在一起。

翅嵌型：观察蝽的前后翅，其前翅腹面爪片的端部具 1 个夹状构造，此夹状构造具长短、多少不一的指形小突；后翅前缘中部向上弯曲并加厚似铁轨状，飞行时嵌入前翅的夹状构造中。

翅钩型：观察蜜蜂或蚜虫的前后翅，在前翅后缘有一条向下卷起的褶，后翅前缘中部有一排向上后弯的小钩，称为翅钩，飞行时翅钩挂在卷褶上连锁前翅和后翅。

（七）观察昆虫腹部的基本结构与分节

1. 昆虫腹部的构造特点

昆虫腹部形状多样，总体上呈圆筒形、扁圆形或纺锤形，有的为杆状、球状、扁平状，分界明显，背板、腹板发达，侧板为侧膜，节间膜和背腹板间的侧膜较发达，有翅亚纲昆虫成虫末端附肢特化为生殖器和尾须。观察所提供昆虫标本腹部的形状，注意以下问题：（1）腹部与体躯其他体段分界是否明显？（2）背板、腹板、侧板是否发达？（3）节间膜和背腹板间的侧膜是否发达？（4）有翅亚纲昆虫成虫的腹部有无运动的附肢？（5）末端附肢特化为什么？

2. 昆虫腹部的分节

各类昆虫腹部分节情况变化较大，一般 9～11 节不等，同种昆虫雌雄个体间可见节数也常不同。膜翅目细腰亚目昆虫腹部第 1 节并入胸部形成并胸腹节。观察棉蝗腹部的节数，观察背板和腹板的可见节是否相同，以及雌雄个体腹节的差异；观察所提供的其他昆虫标本腹部，并注意节数的差异。

3. 昆虫腹部的发音器和听器

观察棉蝗后足腿节内侧突起刮擦前翅基部发音，其听器位于第 1 腹节两侧。雄蝉第 1 腹节腹面两侧有发音器，上面盖有盾形音盖，音盖常向后延伸到第 2～6 腹节。雌蝉无发音器，但雌蝉和雄蝉腹部的基部都有听器。雄蝉的听器位于发音器的侧腹面。掀开雄蝉音盖，可见到听膜，听膜下有气囊。雌蝉听器的结构与雄蝉基本相同，只是音盖短且窄，掀开音盖，可见两块狭长的听膜。

4. 昆虫腹部的尾须

尾须是第 11 腹节的附肢，不同类群尾须的形状变化很大。观察蜉蝣等昆虫尾须着生的位置，不同类群昆虫尾须的形状变化情况。

四、知识与技能考核

1. 掌握昆虫翅的着生位置，简述棉蝗前胸与具翅胸节在结构与功能上有何异同。

2. 绘制棉蝗后足、螳螂前足结构图，并注明各部分的名称。

3. 列表整理所提供昆虫标本的足的类型，并注意区分前、中、后足。

4. 绘制石蛾前翅脉序图，并注明各翅脉的名称，并与假想原始脉序比较，简述二者之间的异同。

5. 写出所提供观察标本翅的类型（至少 8 种），并注意区分前、后翅。

实验四
昆虫的饲养与发育观察

一、实验目的和要求

1. 了解昆虫的饲养技术，学会利用人工饲料在实验室内饲养昆虫，仔细观察并记录昆虫的生长发育情况。

2. 理解有效积温法则，掌握昆虫发育起点温度与有效积温的含义和计算方法。

3. 掌握昆虫不同虫态，完全变态和不完全变态等特性，了解昆虫生活史，并会计算各虫态发育历期和昆虫存活率。

二、实验材料和用具

（一）材料

赤拟谷盗、嗜卷书虱、家蚕、蜚蠊等昆虫，玉米、小麦、面粉、酵母片、奶粉等其他试虫饲料原料。

（二）用具

人工光照培养箱、体视显微镜、培养皿、养虫笼（盒）、温度计、解剖针、小毛笔、烘箱、粉碎机等。

三、实验内容和方法

（一）昆虫的饲养

赤拟谷盗、嗜卷书虱及蜚蠊虫源（卵或卵鞘）由昆虫学及害虫控制工程重庆市重点实验室提供；家蚕虫源（卵）由西南大学蚕学与系统生物学研究所提供。

赤拟谷盗（完全变态，两性生殖）：将小麦用粉碎机粉碎成全麦粉，将细粉与干酵母粉按质量比为 20 : 1 混合均匀作为人工饲料。本实验在 30 ± 2 ℃、相对湿度 70% ± 5%、黑暗条件下进行饲养。

嗜卷书虱（渐变态，孤雌生殖）：在实验室人工光照培养箱内以温度 28 ℃、相对湿度 75% ± 5%、不予光照、不接触任何药剂的条件下，以全麦粉、酵母粉和脱脂奶粉质量比为 10 : 1 : 1 混合而成的饲料进行饲养。

蜚蠊（渐变态，两性生殖）：可在玉米粉（30%）、豆粉（25%）、小麦粉（20%）、奶粉（10%）、干酵母（9%）、砂糖（5%）以及食盐（1%）混合的人工饲料中饲养，利用玻璃缸或塑料容器作为饲养装置，并在容器中放置木屑、纸筒、折叠纸等。饲养装置可放置于温度为 28 ℃、相对湿度为 70% ± 5%、光照周期为 12 h : 12 h（L : D）的光照培养箱中。家蚕及其他昆虫的饲养方法可由学生自主查阅资料进行操作。

（二）昆虫生长发育观察

1. 赤拟谷盗

在小塑料盒中先放入定量配制好的饲料，再放入虫卵。在温度为 30 ± 2 ℃，相对湿度为 70% ± 5% 的条件下饲养。每 2 d 按一定顺序定时进行观察记录，直至成虫羽化，记录各虫态的数量、蜕皮次数以及各虫态发育历期。计算各虫态存活率、卵孵化率、蛹化率、成虫羽化率以及幼虫龄期。

2. 嗜卷书虱

搜集卵后，将每粒卵单独放置于小培养盒中（1.8 cm × 0.7 cm）饲养，在温度为 28 ℃、相对湿度为 75% ± 5%、黑暗条件下培养。从次日起，逐日观察并记录卵的孵化数、若虫蜕皮次数（将观察到的蜕移出）以及各虫态发育历期。计算各虫态存活率、卵孵化率、成虫羽化率以及若虫龄期。

对于蜚蠊或家蚕，观察记录卵的孵化数、若虫（幼虫）蜕皮次数以及各虫态发育历期，并计算各虫态存活率、卵孵化率、蛹化率（家蚕）、成虫羽化率以及若虫（幼虫）龄期。

以上每种试虫的生长发育观察，样本量均至少为 20 头。发育历期（N）是指昆虫完成一定发育阶段（1 个世代、1 个虫期或 1 个虫龄）所经历的时间，通常以“日”为单位，上述试虫各虫态发育历期是指平均历期。在观察期间应做好记录，对感兴趣的现象可进行拍照或录像。

（三）有效积温法则

在适温区内，昆虫的发育速率随着温度的升高而加快，而发育历期或发育速度是衡量昆虫发育速率的常用生态学指标。发育速率是指昆虫在单位时间内完成一定发育阶段的比率，指完成某一发育阶段所需发育时间的倒数，即发育历期的倒数。昆虫完成一定发育阶段需要一定的热量累积，并且完成这个阶段所需的温度累积值是一个常数（K），称为有效积温。昆虫必须在发育起点温度（生物学零度：生物的生长和发育是需要一定温度范围的，低于某一温度，生物就停止生长发育，高于这一温度，生物才开始生长发育）以上才能开始发育，发育起点温度通常在 0 ℃以上。

可见，昆虫生长发育过程中所获得的总热量为有效温度的累加值，即发育所需的总积温为日平均温度减去发育起点温度后的累加值，这一规律称为有效积温法则，表示为：

$$K=D(T-C)$$

式中：K 为有效积温，单位为日 · 度或小时 · 度；C 为发育起点温度（℃）；T 为该期平均温度（℃），D 为发育历期（日）。由于发育速率（V）为发育历期的倒数（$1/D$），故上述公式可以改写为：

$$T=C+KV$$

因此，在实验室内通过设定系列温度条件下昆虫各发育阶段的发育时间，即可计算昆虫的发育起点温度（C）和有效积温（K）。

四、知识与技能考核

1. 设计并制作记录表格，详细记录昆虫不同虫态的发育状况。

2. 计算人工饲养条件下各虫态的存活率，幼虫/若虫龄期，幼虫/若虫发育历期、蛹化率以及羽化率。

3. 通过设置系列温度，记录目标昆虫某一发育阶段的历期，计算其发育起点温度和有效积温。

实验五
昆虫的内部器官位置及消化系统

一、实验目的和要求

1. 了解昆虫内部各器官、系统的相互位置和形态。
2. 掌握解剖昆虫的基本操作方法。
3. 掌握昆虫消化道的构造，了解不同食性昆虫消化道的变异。
4. 了解昆虫神经系统的一般构造。

二、实验材料和用具

（一）材料

观察标本包括蝗虫（棉蝗或飞蝗等，浸泡标本）、家蚕幼虫（活虫）；示范标本包括家蚕幼虫（或其他鳞翅目幼虫，腹部横切面玻片标本）、蝉和蝽（消化道浸泡标本或整体封片标本）、蝗虫（前肠、中肠和后肠横切面玻片标本）、蜚蠊（神经节的纵切面玻片标本）。

（二）用具

体视显微镜、解剖针、镊子、载玻片、培养皿、擦镜纸、蜡盘等。

三、实验内容和方法

（一）观察昆虫内部器官位置

以蝗虫为代表，观察昆虫内部器官的位置，并按以下步骤进行解剖。

1. 取经注射固定保存（或活体）的蝗虫 1 头，先剪去足和翅，再用尖头剪从后向前沿背中线左侧剪开体壁（注意用尖头剪向上挑着剪，避免损坏内脏），剪至前胸背板前段，置于蜡盘内。

2. 先用镊子分开体壁，随即用大头针向内斜插在体壁两边，使其固定在蜡盘上，加水淹没虫体，轻轻漂洗干净。在体视显微镜下顺次观察内部器官的位置。

3. 观察翻向右侧背中线下的背血管。如果被膈膜翼肌所掩盖，可用尖头镊子轻轻夹去翼肌，就能看到背中线下面一条前端开口的白色或黄白色直管，即背血管，为血液循环的主要器官。

4. 观察气管和肌肉的位置。在虫体两侧气门向内分布着伸向内脏表面及身体各部分的由粗变细、分支的白色或褐色气管，即气管系统；在昆虫体壁的内表面、内脊突、内脏器官表面、附肢和翅的关节处，着生有牵引作用的肌肉系统，胸部最发达。

5. 观察消化系统和生殖系统的位置。消化道是 1 条纵贯体腔中央的粗细不均的管道，前端开口于头部的口腔前，后端出口于肛门处。消化道的背侧方被生殖系统的 1 对卵巢（雌）或 1 对精巢（雄）所覆盖。注意卵巢或精巢后端的输出管从两侧绕过消化道伸向腹面，可用尖头剪把消化道的末端肛门部分和前端咽喉部分剪断，用镊子轻轻向前抽出消化道，在水中漂洗干净置于蜡盘内，供下一项目的观察。

6. 观察神经系统。将生殖系统和腹膈轻轻夹去，可清楚地看到 1 条白色、分节的腹神经索。其前端绕向消化道背部，与头壳内的脑相连，共同组成中枢神经系统，后端止于第 8 腹节。

（二）观察昆虫背血管的形状

观察家蚕幼虫（活虫）背血管的形状，注意血液从后向前流动。

（三）观察昆虫消化道的外形和构造

1. 消化道的一般构造

观察蝗虫的消化道（图 5-1），以消化道中段前方的囊状突起（即胃盲囊）和中段后方肠壁上的丝状盲管（马氏管）为标志，分为前肠、中肠、后肠三段，即胃盲囊之前为前肠，马氏管之后为后肠，中间为中肠。

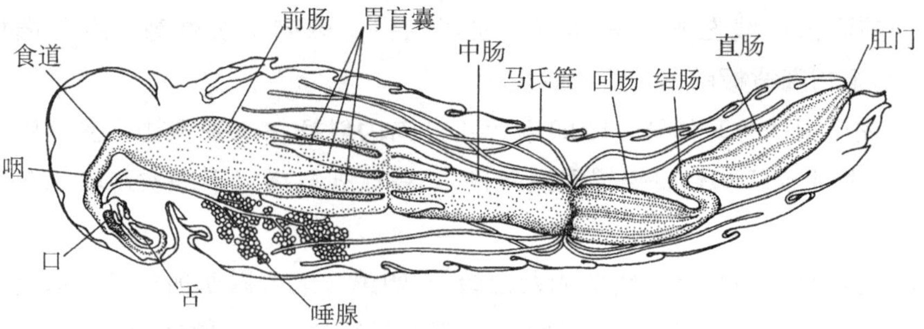

图 5-1　蝗虫消化道模式图(仿 Uvarov)

2. 消化道的变异

将上述解剖的蝗虫消化道和家蚕幼虫消化道进行比较，注意观察胃盲囊和马氏管的着生位置及胃盲囊数目。 观察蝉的消化道整体封片标本，注意整个消化道呈细长、迂回曲折状，中肠的前后两侧与后肠的前端被一层肌肉膜鞘包围，形成滤室。

（四）观察昆虫神经系统的构造

1. 中枢神经系统

中枢神经系统包括脑和腹神经索，脑位于头腔内的背方，分为前脑、中脑和后脑。 腹神经索位于消化道的腹面，纵贯在腹面中央，包括头部的食道下神经节、胸部和腹部的一系列体神经节以及连接前后神经节的成对神经连索。 注意观察脑与腹神经索之间由两条围绕咽喉的围咽神经索相连。

将上述解剖的蝗虫轻轻夹去腹膈膜，使腹神经索完全露出，观察腹神经索。 再将头壳沿复眼内侧剪开（注意用剪刀挑起，以免损伤内部的脑），剪去头顶体壁，小心夹去肌肉（撕去肌肉时，特别注意不要把单眼柄误认为肌纤维而取掉），露出脑，然后进行观察。

2. 神经节

在显微镜下观察蜚蠊神经节的纵切面玻片标本，可见神经节外层是由鞘细胞层和神经膜组成的神经鞘。 神经鞘外侧有气管分布，内侧是神经细胞体。 神经节中央是神经纤维组成的紧密复杂的神经纤维网络，称为神经髓。

四、知识与技能考核

1. 简述解剖蝗虫的基本操作方法。

2. 绘制蝗虫体内主要器官的相对位置图，并注明各部分的名称。

3. 解剖棉蝗的消化道，比较棉蝗的消化道结构与昆虫消化道模式结构的异同。

实验六
昆虫呼吸系统、生殖系统及内分泌腺体

一、实验目的和要求

1. 了解昆虫呼吸系统的分布状况及气门的形状和排列情况。
2. 了解昆虫生殖系统的基本构造。
3. 了解昆虫主要内分泌腺体的种类、形状、位置及功能。

二、实验材料和用具

（一）材料

1. 观察呼吸系统的标本

蚊幼虫（孑孓）活虫、家蚕幼虫（浸泡标本）、蝗虫或家蚕（活虫）。

2. 观察生殖系统的标本

蝗虫（棉蝗或飞蝗等，♀和♂，浸泡标本）。

3. 观察内分泌腺体的标本

家蚕 5 龄幼虫（活虫）。

4. 示范标本

家蚕幼虫气管切片标本；蜉蝣稚虫、蜻蜓稚虫、豆娘稚虫等浸泡标本；蝗虫及橘小实蝇精巢管、卵巢管玻片标本。

（二）用具

体视显微镜、载玻片、盖玻片、镊子、蜡盘、小烧杯、解剖针、解剖剪、10% 的 KOH 溶液，酒精灯、洗瓶等。

三、实验内容和方法

（一）观察昆虫的呼吸系统

1. 呼吸系统的观察

取家蚕成虫置于蜡盘中，从背中线剪开其体壁，固定在蜡盘上，便可看到很多树状分支的褐色气管，气管丛按体节配制，向外通气门。在一丛气管上找出伸向背面的背气管支、伸向腹面的腹气管支和伸向内脏的脏气管支以及各气管支汇合而形成的气门气管干（纵气管干），其与气门相连。另取 1 头家蚕幼虫，由背中线剪开体壁，并投入 10% 的 KOH 溶液中加热煮沸至虫体内脏腐烂成浓褐色为止，取出虫体用水冲洗后可观察其气管系统全貌。

2. 气门的构造与类型

（1）外闭式气门：开闭机构位于气门腔口的气门。

取蝗虫 1 头，在体视显微镜下观察位于中、后胸侧板之间的胸气门构造，注意其关闭的方式和形态特点。可以观察到气门外面有两片对生的能够启合的唇形活瓣，活瓣基部具有弹性的弓状垂叶，垂叶内着生闭肌，构成开闭机构。开闭机构内有一空腔，称为气门腔。气门腔内侧开口即为气管口，里面连接气管。很多昆虫的胸部气门属于这种类型，如蜚蠊、龙虱、蝽类和蜜蜂等。

（2）内闭式气门：开闭机构位于气门腔内气管口的气门。

取家蚕幼虫 1 头，观察腹部气门的构造。将一个气门连同周围的体壁剪下，反转固定于蜡盘中，在体视显微镜下细致地剔除气管丛，仅留一小段气门气管，了解其关闭机能。结合气管玻片标本，可以发现气门外面有一圈黑色硬化骨片，称为围气门片。气门中央凹陷，密生黄棕色细毛的部分为过滤机构，内侧即为气门腔，腔内即为气管口。气管口具有闭弓（气门腔壁骨化成的半圆形板）、闭带（气门腔壁特化成的内褶）、闭杆、闭肌、开肌等开闭机构，用解剖针拨动闭杆，可观察到气门的开闭动作。大多数昆虫的腹部气门属于这种类型。

3. 呼吸系统的变异

通过观察蚊的幼虫、蜻蜓稚虫、豆娘稚虫、蜉蝣稚虫等示范标本，了解水生昆虫的呼吸机构及呼吸方式。蚊的幼虫（孑孓）及蛹、蝎蝽等，均以细长的呼吸管定时伸出水面，通过管内的气门呼吸。豆娘稚虫的尾鳃生于腹部末端，共 3 支，呈桨状，由肛上板和肛侧板延展而成。蜻蜓稚虫的直肠鳃生于直肠内壁，呈片状。蜉蝣稚虫的气管鳃生于第 2～7 腹节两侧，呈叶片状，由附肢特化而来。龙虱成虫在鞘翅下与腹部背面间形成一空室，称为物理性鳃，龙虱每隔 10～20 min 需到水面换气 1 次，换气时以其尾端的小孔呼气，贮存于物理性鳃中，以供水下呼吸，呼吸仍以腹背的气门进行。物理性鳃除了贮藏空气外，还有摄取水中氧气的功能。

（二）观察昆虫的生殖系统

1. 昆虫外生殖器的基本结构与变化

外生殖器是用于交尾和产卵的器官，雌性的称为产卵器，雄性的称为交配器。

（1）雌性外生殖器——产卵器。

取雌性棉蝗 1 头，先观察其腹部末端坚硬的产卵器。其构造特点为：背瓣和腹瓣发达，内瓣退化，从外面看不见。用镊子掀开背瓣可见 1 对小突起，即内瓣。两腹瓣中间伸出一指状突起，为导卵器。导卵器基部有一小孔，卵由此产出，经导卵器导入土中。产卵器多为管状，通常由 3 对产卵瓣构成，分别着生在第 8 和第 9 腹节上（图 6-1）。产卵瓣基部的骨片称为生殖突基节。

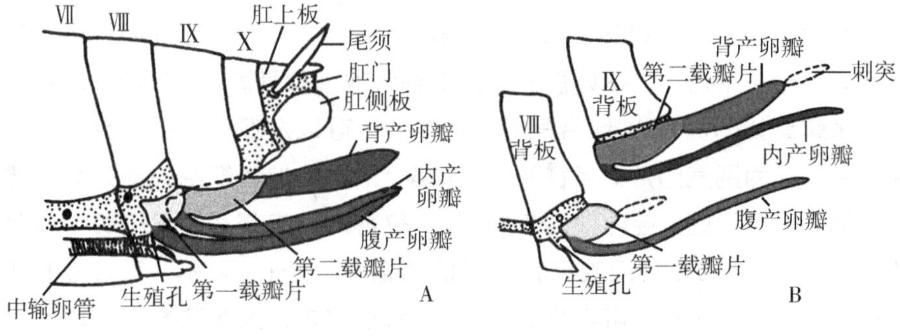

图 6-1　有翅亚纲昆虫产卵器的模式结构（仿 Snodgrass）

A. 腹部末端侧面图；B. 分开的生殖节侧面图

第一产卵瓣：第 8 腹节上的产卵瓣称为第一产卵瓣或腹产卵瓣（腹瓣），其基部的生殖突基节称为第一负瓣片或第一载瓣片。

第二产卵瓣：第 9 腹节上的产卵瓣称为第二产卵瓣或内产卵瓣（内瓣），其基部的生殖突基节称为第二负瓣片或第二载瓣片。

第三产卵瓣：第二负瓣片向后伸出的瓣状外长物称第三产卵瓣或背产卵瓣（背瓣）。无翅亚纲和少数有翅亚纲昆虫的生殖突基节还具有生殖刺突。

（2）雄性外生殖器——交配器。

雄性昆虫的交配器构造比较复杂，且各类群中变化较大。交配器主要由输送精子的阳具和交配时抱握雌体的抱握器组成（图 6-2）。

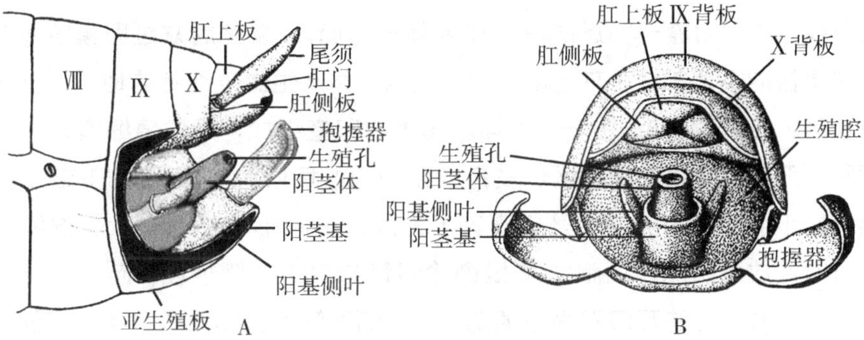

图 6-2　昆虫雄性外生殖器的构造(A 仿 Weber;B 仿 Snodgrass)

A. 腹部末端侧面图;B. 分开的生殖节正面图

阳具：一般呈管状，是第 9 腹节腹板后的节间膜的外长物，生殖孔开口于它的末端。阳具通常包括 1 个较大的阳茎基和从阳茎基伸出的 1 根细长的阳茎，阳茎的端部是射精管的开口处。第 9 腹节的腹板特化，扩大或向后延伸，称为下生殖板。一些昆虫阳具的节间膜发生内陷，在下生殖板之上形成生殖腔，阳具不用时就缩在腔内，这种现象在直翅目昆虫中尤为明显。阳具在各类昆虫中变化非常复杂。如半翅目的蝉、叶蝉、蜡蝉等，阳茎基很发达，成为整个阳具的外鞘，即阳具鞘，而阳茎却退化了，阳具鞘取代了阳茎的作用。阳茎基两侧常发生突起，称为阳基侧叶。

取雄性棉蝗 1 头，观察其交配器所在的腹节。用镊子夹住下生殖板往下拉，同时轻轻挤压其腹部，使交配器从生殖腔中伸出，放在体视显微镜下观察其构造。通过观察掌握其阳具的形状及着生位置，了解阳具在不同昆虫中的变化情况，抱握器的形状、着生位置及其特化。

2. 昆虫内生殖器的基本结构与变化

取雌、雄蝗虫各 1 头，剪去翅和足，然后沿背中线剪开，用大头针将其固定在蜡盘中，加清水淹没虫体进行观察。

（1）雌蝗内生殖器。

昆虫雌性内生殖器包括 1 对卵巢、1 对侧输卵管、1 根中输卵管以及生殖腔。 多数昆虫还有 1～3 个接收和储藏精子的受精囊以及 1～2 对雌性附腺（图 6-3，A）。

在雌性蝗虫消化道的背侧，并列着生 1 对卵巢，卵巢由许多卵巢管组成，其中纵列着黄色的椭圆形卵。 每个卵巢的端部为端丝，各卵巢管的端丝互相集合形成悬带，附着于临近的脂肪体或体壁内面。 端丝后方是卵巢管本部，它是卵巢管的主要部分，其端部称为生殖区，是产生生殖细胞的地方；基部称为生长区（或卵黄区），由一系列渐次膨大的卵室组成，是生殖细胞分裂成卵原细胞，再形成卵母细胞，逐步发育成卵细胞的场所。 卵巢管的下端是卵巢管柄，各卵巢管柄分别依次开口于其下方发达的囊形输卵管萼上，输卵管萼用于暂时贮放成熟的卵细胞。 2 根侧输卵管与中输卵管相连，向后至导卵器的基部；中输卵管的开口即为生殖孔，在中输卵管的背侧面有管状受精囊，在两输卵管萼前端各有 1 根管状曲折的附腺，其分泌液可使产下的卵黏集成块。以上各组织构造均起源于中胚层。

（2）雄蝗内生殖器。

昆虫雄性内生殖器包括 1 对精巢、1 对输精管、1 根射精管和 1 对雄性附腺。 有些昆虫的输精管基部膨大成储精囊（图 6-3，B）。

雄性蝗虫消化道背面黄白色的块状物，即为精巢。 精巢由一围膜所包被，围膜部延伸成悬带，附着于胸部背壁肌肉上借以固定。 将精巢分开，每一精巢由许多精巢管组成，均相互紧靠，下端以短小的输精小管汇集并开口于细长的输精管端部。 以上各组织构造都来源于中胚层。

2 根输精管在其下汇合于 1 条短而粗的射精管上，射精管壁肌肉很发达，有帮助射精的功能。 在其前端两输精管汇合处，生有 2 束盘曲成团的小管，除其中 1 对较粗且略呈黄色的储精囊外，其余均是白色的附腺。 储精囊是临时贮存精子的场所，附腺则能分泌液体，有稀释精子和利于精子运动的作用，射精管后端开口于外生殖器的阳茎中。 以上各组织构造均来源于外胚层。

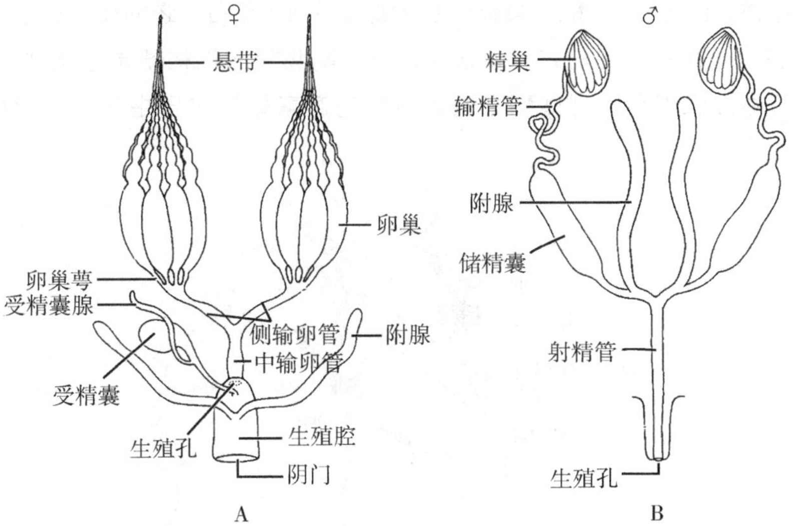

图 6-3 昆虫内生殖器的模式图(仿 Snodgrass)

(三)观察昆虫的内分泌腺体

取家蚕 5 龄幼虫，由背中线剪开，剪到胸部时，剪刀尽量向上挑起，以免损伤内部器官。剪开后用大头针将其固定在蜡盘上，放入清水中，然后进行观察。

1. 前胸腺

将家蚕消化道两侧的丝腺移走，找到前胸气门的位置，可以看到由前胸气门向体内伸出的气管丛。小心分离气管丛，在其基部靠近体壁处有一膜质透明状腺体，即为前胸腺。腺体基部向左右两侧分支交叉在气管丛之间，由后向前顺腺剥离，直到头侧肌肉中它的前端亦分为两支。有的虫体前胸腺的中端有分支，仔细观察前胸腺上的气管及神经分布情况。一般分布于前胸腺的神经主要来自前胸神经节、咽下神经节及中脑。取出前胸腺放在载玻片上，加水，然后在显微镜下观察其形态及构造。在观察的过程中注意思考前胸腺分泌的激素如何在昆虫生长发育中起调节作用。

2. 咽侧体与心侧体

解剖家蚕幼虫的头部，先找到脑，然后由前向后完整地将脑剥离出来，沿脑后方消化道的两侧仔细分离。在食道两侧附近，可以看到 1 个很小的乳白色球状腺体，即为咽侧体。其体积仅为脑的 1/10 左右（必须在体视显微镜下才能找到）。在咽侧体前方略为膨大、呈透明膜状的结构便是心侧体。在观察的过程中注意思考咽侧体和心侧体分泌的激素如何在昆虫生长发育中起调节作用。

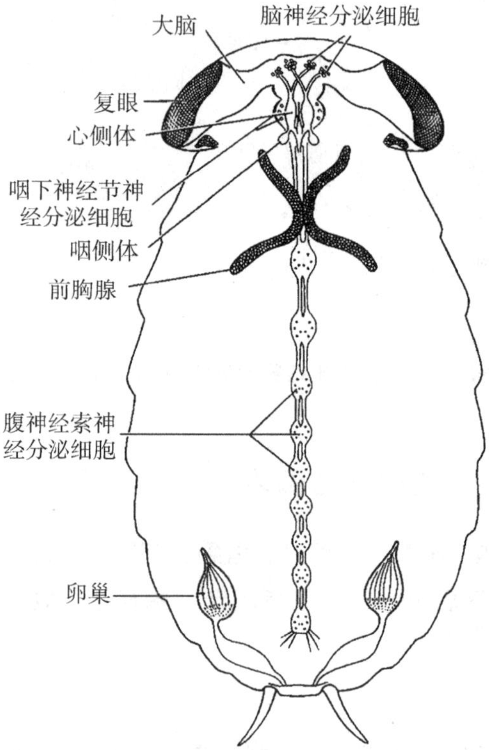

图 6-4　昆虫内分泌器官模式图(仿 Novak)

四、知识与技能考核

1. 绘制棉蝗雌雄腹部末端外生殖器侧面观图，并注明各部分的名称。

2. 绘制蝗虫内生殖器构造简图（雌或雄），并注明各部分的名称。

3. 分别绘制家蚕前胸腺、心侧体和咽侧体的相互位置和形态图，并描述各腺体所分泌的激素及其功能。

实验七
昆虫的变态类型

一、实验目的和要求

1. 掌握昆虫主要变态类型的特点及其相应的昆虫类群。

2. 掌握全变态类昆虫幼虫和蛹的基本构造及主要类型。

3.了解稚虫、若虫和幼虫的区别，掌握昆虫幼虫腹足的特征。

4.了解雌雄二型和多型现象以及昆虫的拟态与保护色。

5.了解昆虫卵和茧的类型。

二、实验材料和用具

（一）材料

1. 观察变态类型的标本

蝗虫、金龟子的生活史标本。

2. 观察幼虫类型的标本

夜蛾、尺蠖、菜粉蝶、叶蜂、步甲、草蛉、瓢虫、蛴螬、沟金针虫、拟步甲、扁泥甲、家蝇、牛虻、摇蚊、天牛、吉丁甲等幼虫的浸泡标本。

3. 观察蛹类型的标本

黄粉虫、瓢虫、蜜蜂、菜粉蝶、蚊、家蚕（♀，♂）、蝇等蛹的浸泡标本。

4. 示范标本

衣鱼、蜉蝣、蜻蜓、蓟马、金龟子、芫菁的生活史标本；茧蜂幼虫玻片标本；短额负蝗、竹节虫、胡蜂、蝗虫、蜉蝣、头虱、天幕毛虫、蝽、菜粉蝶、亚洲玉米螟、斜纹夜蛾、草蛉、飞虱等的卵；蜚蠊和螳螂的卵鞘；犀金龟、锹甲和介壳虫的雌雄二型标本；蜜蜂、白蚁和褐飞虱的多型性标本；各种茧的标本。

（二）用具

体视显微镜、解剖针、镊子、小培养皿和擦镜纸等。

三、实验内容和方法

（一）观察昆虫的变态类型

在昆虫的个体发育过程中，特别是在胚后发育过程中所经历的一系列内部结构和外部形态的阶段性变化称为变态。根据虫态的分化、翅的发生过程和幼期对栖境的适应等，可将昆虫的变态分为 4 大类。通过对不同变态类型昆虫生活史标本的观察，掌握每种变态类型的特点及其相应的昆虫类群。

1. 表变态

表变态又称无变态，是最原始的昆虫变态类型。其特点是初孵幼体已具有成虫特征。在胚胎发育过程中，仅是个体增大、性器官成熟、触角和尾须节数增多、鳞片及刚毛增长等，成虫继续蜕皮。石蛃目和衣鱼目昆虫均属于该类型。

观察衣鱼的生活史标本，比较其幼体和成虫形态的异同。

2. 原变态

原变态是有翅类昆虫中最原始的变态类型，仅见于蜉蝣目。其特点是从幼体到成虫要经历一个亚成虫期。亚成虫外形与成虫相似，性成熟，但不能生殖；翅能飞翔，但体色暗淡；足、尾须和中尾丝较短，翅缘和尾须上具毛。亚成虫蜕皮后变为成虫。这类昆虫的幼体生活在水中，特称稚虫。

观察蜉蝣的生活史标本，比较其稚虫、亚成虫和成虫形态的异同。

3. 不完全变态

不完全变态又称直接变态。其特点是个体经历 3 个时期就完成 1 个世代，即卵、若虫（稚虫）和成虫。幼期的形态与成虫相似，翅在幼体的体外发育。不全变态又可以分为以下 3 个亚类。

（1）半变态。

半变态的特点是幼体水生，成虫陆生，两者在体形、取食器官和呼吸器官等方面有明显的分化。这类变态见于蜻蜓目和襀翅目，其幼体称稚虫。

观察蜻蜓的生活史标本，比较其稚虫与成虫形态的异同。

（2）渐变态。

渐变态的特点是幼体与成虫在体形、习性及栖境等方面非常相似，幼体除翅和生殖器官发育未完善外，其他特征与成虫非常相似，故称若虫（图 7-1）。属于渐变态的昆虫有蜚蠊目、螳螂目、直翅目、蛸目、革翅目、纺足目、啮虫目、虱目和半翅目等。

观察蝗虫的生活史标本，注意若虫与成虫翅的形态与位置的差异（最好与短翅的成虫一起观察）。

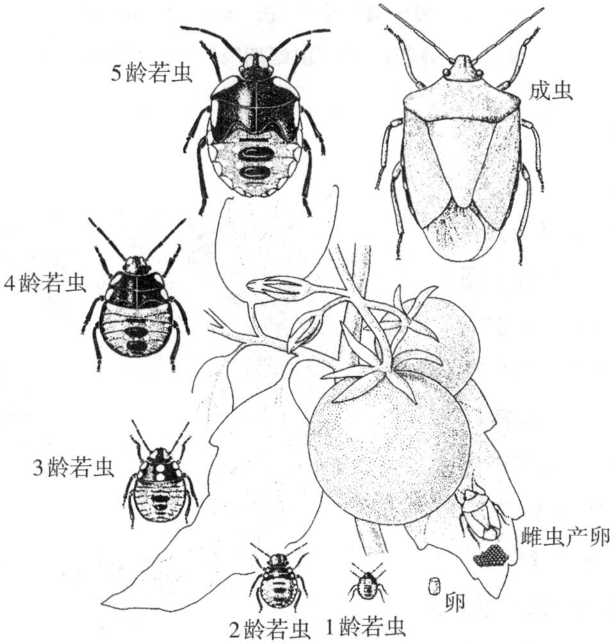

图 7-1　稻绿蝽的渐变态(仿 Hely)

（3）过渐变态。

过渐变态的特点是幼体与成虫均陆生，形态相似，但末龄幼体不食也不太活动，类似全变态的蛹，称为“伪蛹”。缨翅目、半翅目粉虱科和雄性蚧类等属于这种类型（图 7-2）。

观察蓟马的生活史标本，比较其各龄若虫形态的差异。

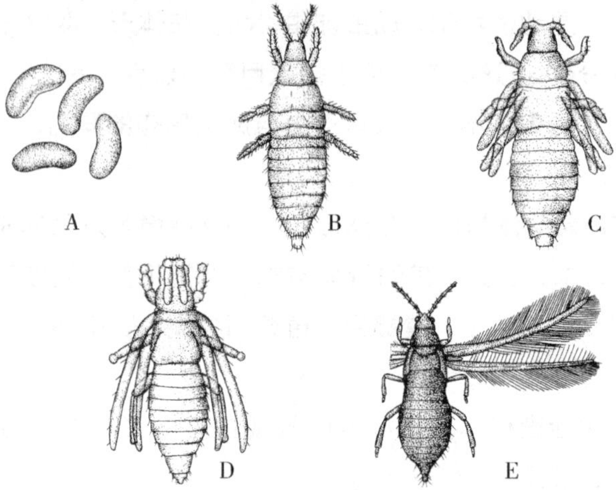

图 7-2　梨蓟马的变态(仿 Foster 和 Jones)

A. 卵;B. 1 龄若虫;C. "前蛹期";D. "蛹期";E. 成虫

4. 全变态

全变态又称间接变态，其特点是个体发育要经历卵、幼体、蛹和成虫 4 个阶段（图 7-3）。翅在幼体的体内发育，幼体的主要生殖器官没有分化，外部形态、内部器官以及生活习性等与成虫也有明显差异。这类昆虫的幼体称为幼虫。幼虫必须经过蛹期，才能完成幼虫组织器官的分解与成虫器官的重建。属于这种变态类型的有广翅目、蛇蛉目、脉翅目、鞘翅目、捻翅目、长翅目、蚤目、毛翅目、鳞翅目、双翅目和膜翅目等。由于全变态类昆虫幼体的翅芽、复眼和背单眼隐藏在体壁下发育，在分类上称内翅部。

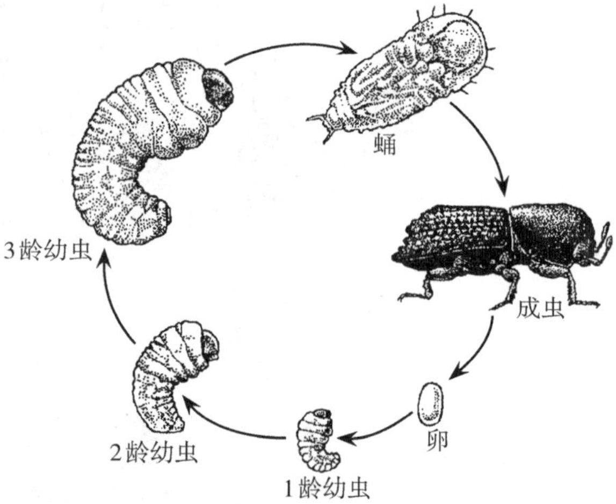

图 7-3　小蠹的全变态(仿 Gullan 和 Cranston)

观察金龟子的生活史标本，注意其幼虫与成虫在外形及生活习性等方面的巨大差别。

复变态：在幼虫营寄生生活的捻翅目、脉翅目螳蛉科、鳞翅目寄蛾科、鞘翅目芫菁科和大花蚤科、双翅目小头虻科和网翅虻科等昆虫中，各龄幼虫因生活方式的不同而出现外部形态的分化，其发育过程比一般全变态更加复杂，称为复变态。其中，芫菁的复变态最为典型（图 7-4）。芫菁的幼虫分 6 龄，1 龄幼虫（三爪蚴）的足发达，为步甲型幼虫；经取食后，就蜕皮变为体壁柔软、胸足退化的蛴螬型幼虫，此阶段经历第 2～4 龄期；当幼虫离开寄主后，深入土中，进入第 5 龄，成为体壁较坚韧、足更退化、不能活动的伪蛹型幼虫；第 6 龄幼虫又恢复蛴螬式，第二年蜕皮化蛹，再羽化为成虫。

观察芫菁的生活史标本，比较其蛹、成虫及各龄幼虫间的形态差异。

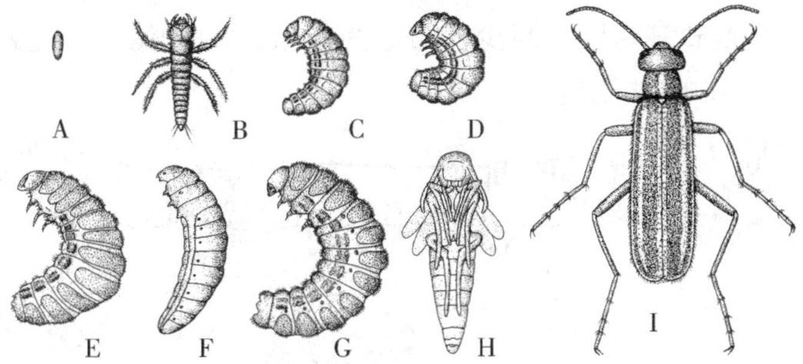

图 7-4　锯角豆芫菁的变态（仿周尧）

A. 卵；B. 1 龄幼虫；C～E. 第 2、第 3、第 4 龄幼虫（蛴螬式）；F. 第 5 龄幼虫（拟蛹）；G. 第 6 龄幼虫；H. 蛹；I. 成虫

（二）观察幼虫的类型及形态特征

幼虫类型的划分主要取决于两个因素：一是胚胎发育终止的阶段在原足期、多足期还是寡足期；二是因适应取食和生活环境而产生的体型、附肢等重大外部形态上的变化。全变态类昆虫的幼虫通常分为 4 个类型。

1. 原足型

原足型幼虫在胚胎发育的原足期就孵化，胸足只是芽状突起，腹部分节不明显，神经系统和呼吸系统简单，其他器官发育不完全。该类幼虫只有在寄主供应的营养物中才能生活。根据幼虫腹部的分节情况，原足型幼虫又分为寡节原足型和多节原足型，前者腹部不分节，如一些广腹细蜂的低龄幼虫；后者腹部已分节，但附肢未发育，如一些小蜂和细蜂的低龄幼虫。

观察茧蜂幼虫玻片标本，注意其体段的分节以及胸足和口器的发育程度。

2. 多足型

多足型幼虫在胚胎发育的多足期孵化，胸足发达，腹部有多对附肢。根据腹部附肢的构造，可将多足型幼虫分为 2 个亚类。

蛃型幼虫：体形似石蛃，长形略扁，口器向下或向前，触角和胸足细长，腹部有多对细长的腹足或其他附肢。广翅目、毛翅目、部分水生鞘翅目和部分脉翅目的幼虫属于这种类型。

蠋型幼虫：体近圆柱形，口器向下，触角无或很短，胸足和腹足粗短。鳞翅目、长翅目和膜翅目叶蜂类的幼虫属于这种类型。鳞翅目腹足 2～5 对，位于第 3～6 腹节、第 10 腹节或第 6、第 10 腹节上，腹足末端有趾钩（图 7-5）。趾钩的排列方式是鉴别鳞翅目幼虫常用的特征。若出现腹足退化或消失的情况，则从第 3 腹节开始反向减少，如有些夜蛾的幼虫第 3、4 腹节无足；尺蛾科幼虫的第 3～5 腹节无足。

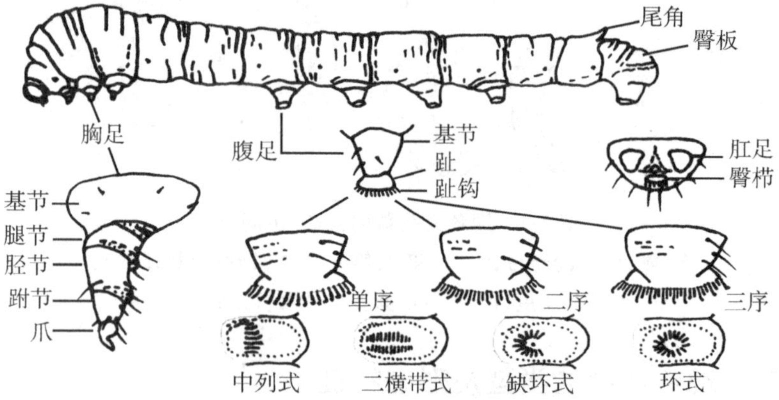

图 7-5　家蚕幼虫及其腹部的附肢(仿雷朝亮)

观察菜粉蝶幼虫腹部第 3～6 节和第 10 节上的腹足，第 10 节的腹足又称为臀足。观察夜蛾幼虫和尺蠖，注意其侧单眼数目、胸足、腹足对数和着生位置以及趾钩排布类型。

叶蜂类幼虫具 6～10 对腹足，没有趾钩。若有腹足减少，则从第 8 腹节起向前减少。观察叶蜂幼虫胸足和腹足，注意其侧单眼数目，胸足、腹足对数以及着生位置，并比较叶蜂幼虫与菜粉蝶幼虫腹足的着生位置和构造的异同。

长翅目幼虫具 9 对腹足，在第 1～8 腹节和第 10 腹节上，足端无趾钩。观察长翅目幼虫，注意其胸足、腹足对数和着生位置以及有无趾钩。

3. 寡足型

寡足型幼虫在胚胎发育的寡足期孵化，胸足发达，但无腹足。蛇蛉目、部分脉翅目和部分鞘翅目属于这种类型。根据体形和胸足的发达程度又可分为4 个亚类。

步甲型幼虫：体长形略扁，口器向前，触角和胸足发达，无腹足，行动活跃，如蛇蛉目、部分脉翅目和部分肉食性鞘翅目幼虫。

蛴螬型幼虫：体肥胖，柔软，常呈“C”形或“J”形弯曲，胸足较短，行动迟缓，多生活于土中，如鞘翅目金龟甲总科的幼虫。

叩甲型幼虫：体壁较硬，体细长，胸部和腹部粗细相仿，胸足较短，不善爬行，多生活于土中，如鞘翅目叩甲科的幼虫。

扁型幼虫：体扁平，胸足有或退化，如鞘翅目扁泥甲科和花甲科的幼虫。

观察步甲、草蛉及瓢虫幼虫的体形、口向和胸足的发达程度；观察金龟子幼虫的体形、口向和胸足的发达程度；观察并比较植食性与腐食性蛴螬体形的不同；观察沟金针虫和拟步甲幼虫的体形、口向和胸足的发达程度；观察扁泥甲幼虫的体形、口向和胸足的发达程度。

4. 无足型

无足型幼虫又称蠕虫型幼虫，其特点是无胸足和腹足。双翅目、蚤目、膜翅目细腰亚目、部分鳞翅目和鞘翅目象甲科、豆象科等属于这种类型。根据头壳的发达程度，又可分为 3 个亚类。

无头无足型幼虫：俗称蛆。头部十分退化，完全缩入胸部，仅留某些痕迹，如只有口钩外露，如双翅目环裂亚目的幼虫。

半头无足型幼虫：头壳部分退化，仅前半部可见，后半部缩入胸内，如双翅目短角亚目牛虻科和长角亚目大蚊科等的幼虫。

显头无足型幼虫：头壳全部外露，如蚤目、双翅目中大多数长角亚目、膜翅目针尾部、少数潜叶鳞翅目和鞘翅目天牛科、吉丁甲科等的幼虫，以及捻翅目末龄幼虫等。

观察家蝇幼虫的口钩；观察牛虻幼虫头部的发达程度；观察摇蚊、天牛（天牛幼虫有些具有极为退化的胸足）、吉丁甲幼虫头部的发达程度。

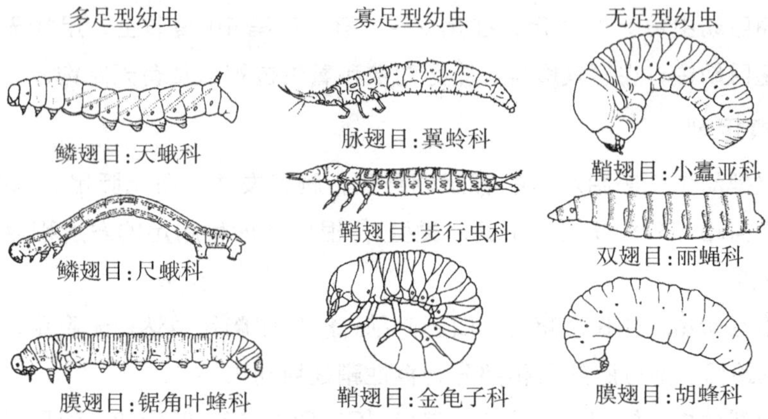

图 7-6　全变态幼虫的类型(仿 Chu、Borror、Ferrar、Csiro 等)

(三)观察蛹的类型及形态特征

蛹是全变态昆虫在生长发育过程中一个相对静止的虫态。根据昆虫附肢、翅与蛹体的连接情况，通常分为 3 种主要类型（图 7-7）。

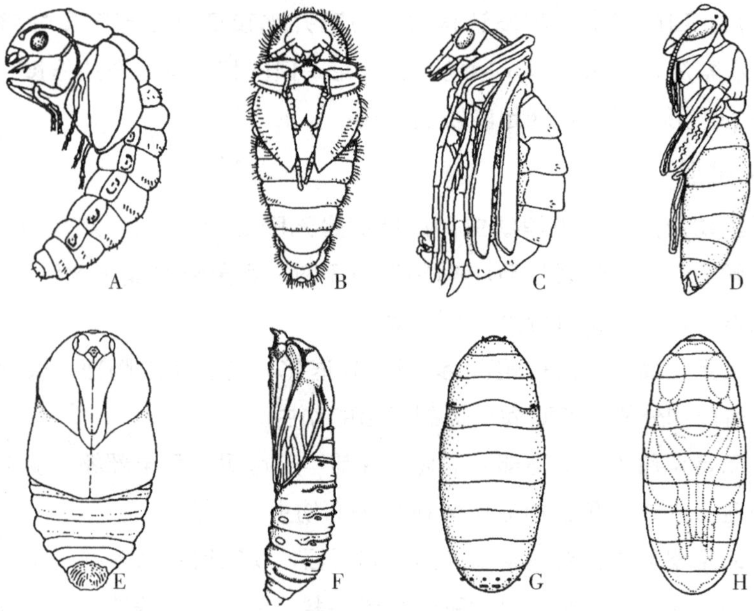

图 7-7　蛹的类型

A～D. 离蛹；E～F. 被蛹；G～H. 围蛹

(A 仿 Evans；B、C、F、G 仿 Csiro；D 仿 Chu；E 仿 Common；H 仿 Gullan 和 Cranston)

1. 离蛹

离蛹又称裸蛹。其特点是附肢和翅不贴在蛹体上，可以活动，腹部各节也能扭动。广翅目、脉翅目、毛翅目、蛇蛉目、鞘翅目、长翅目、膜翅目以及鳞翅目小翅蛾科和毛顶蛾科的蛹属于这种类型。

观察蜜蜂的蛹，仔细辨认触角、复眼、足和翅，观察气门的排布情况，附肢和翅与蛹体的附着情况。

2. 被蛹

被蛹的特点是附肢和翅都紧贴蛹体，不能活动，多数腹节或全部腹节不能活动。大多数鳞翅目、鞘翅目隐翅虫科和瓢虫科、双翅目长角亚目的蛹属于这种类型。

观察家蚕和黏虫的蛹，辨认其头、胸部各附肢和翅等部分。注意黏虫腹部的分节、后端的生殖孔以及肛门的着生位置。雌蛹为双孔（产卵孔和交配孔），雄蛹为单孔（交配孔）。

3. 围蛹

围蛹的蛹体是离蛹，但被最后 2 龄幼虫的蜕所形成的蛹壳包围。双翅目环裂亚目、介壳虫和捻翅目捻翅虫科的雄蛹属于此类。

观察蝇蛹，小心剥去蛹壳，观察里面的蛹体。

4. 各类蛹的保护措施

昆虫的蛹是一个不食不动、相对静止的虫态，比较容易受到伤害，所以末龄幼虫在化蛹前往往采取一些特殊的保护措施以躲避敌害，抵抗不利气象因素的影响或防止机械损伤等。蛹的保护方式多样，如钻入土中化蛹、把蛹挂在树枝上、结茧化蛹等，其中以结茧的方式最为普遍。通常末龄幼虫分泌丝线做成丝茧，较为粗糙。蓖麻蚕和家蚕吐丝做成的茧最为致密和完善；刺蛾的茧由石灰质构成，坚硬，形似雀蛋；茧蜂在体外结成黄色或白色的小茧。

观察示范的茧标本，注意茧的大小、颜色、形状及质地等。

（四）观察标本，了解昆虫卵的类型

卵的外部形态包括卵的形状、大小、颜色、卵壳上的花纹等。常见的昆虫卵呈圆形、肾形、球形、半球形、桶形、瓶形、纺锤形或马蹄形等。生物学性状如散产、块产、卵的排列方式、保护物（卵鞘或覆盖物等）、产卵部位（动植物组织表面或里面、土中、土表）等各不相同。

观察蝗虫、金龟子、蜉蝣、头虱、天幕毛虫、蝽、菜粉蝶、亚洲玉米螟、斜纹夜蛾、草蛉和飞虱的卵，以及蜚蠊和螳螂的卵鞘，辨别其性状差异。

（五）观察标本，了解雌雄二型与多型现象

1. 雌雄二型

雌雄二型是指同种昆虫的雌雄两性个体间，除生殖器官不同外，在大小、体形和体色等外部形态方面存在明显差异的现象。昆虫的雌雄二型现象相当普遍，其中在蜻蜓目、纺足目、半翅目、鞘翅目、捻翅目、鳞翅目和膜翅目昆虫中最明显。

观察犀金龟、锹甲和介壳虫，比较雌雄两性在个体大小、体形和体色等方面存在的明显差异。

2. 多型现象

多型现象是指一种昆虫同一虫态的个体在大小、体形和体色等外部形态方面存在明显差异的现象。多型现象不仅出现在成虫期，也可以出现在幼虫期或蛹期，但以成虫期居多，且以雌性更为普遍。在蜜蜂、蚂蚁和白蚁等社会性昆虫以及蚜虫等群聚性昆虫中表现最为突出。在直翅目、半翅目和鳞翅目等非社会性昆虫中，受季节、种群密度、食物和环境等的影响，也会出现多型现象。

观察白蚁和褐飞虱的多型现象，比较白蚁的蚁后，长翅型、短翅型和无翅型繁殖蚁，工蚁和兵蚁以及褐飞虱的长翅型与短翅型个体的形态差异。观察蜜蜂的蜂王、雄蜂和工蜂标本，识别其在大小和形态上（注意其后足基跗节等）的差异。

四、知识与技能考核

1. 熟悉不同昆虫的变态类型，写出所观察昆虫生活史标本的变态类型。
2. 了解全变态类昆虫幼虫的类型与特点。
3. 绘出鳞翅目幼虫腹足端部趾钩的结构图。
4. 能够正确区分稚虫、若虫和幼虫。
5. 了解全变态类和不完全变态类昆虫在虫态、取食及环境适应方面的异同。

实验八
昆虫的趋性

一、实验目的和要求

1. 自制或组装简单工具，观察昆虫的趋性选择行为。
2. 掌握昆虫行为学实验的设计思路。

二、实验材料和用具

（一）材料

活体昆虫（如果实蝇、蚕蛾、赤拟谷盗）、商业化性诱剂（如甲基丁香酚、蚕蛾醇）、乙酸乙酯等。

（二）用具

“Y”型管、微型气泵、体视显微镜、直尺、LED 光源、滤纸、解剖针、镊子等。

三、实验内容和方法

（一）果实蝇趋避实验

测试时，Y 型管（图 8-1）的两端分别连接收集瓶，其中一个收集瓶装有 300 μL10%的乙酸乙酯（经石蜡油稀释），另一个收集瓶装有 300 μL石蜡油（对照）（也可在 Y 型管两臂末端放置滤纸，将药剂滴在滤纸上作为引诱或趋避源）。整个装置保持气体流速为 100 mL/min，且皆在无光条件下进行。测试昆虫为新羽化成虫，试虫进入收集瓶或管壁后被认为做出了选择，每头试虫允许有 1 min 的时间进行选择，否则视为无效选择。此外，每头试虫仅被允许测试 1 次，至少测试 30 头昆虫（趋避实验可采用性比 1∶1；性诱剂实验选用雄虫作为试虫）。测试获得的数据换算计算指标为气味吸引指数（Odor Attraction Index），气味吸引指数计算公式如下：

$$气味吸引指数=\frac{N_v-N_a}{N_v+N_a}$$

式中：N_v 表示选择处理药剂的试虫数；N_a 表示选择对照的试虫数。

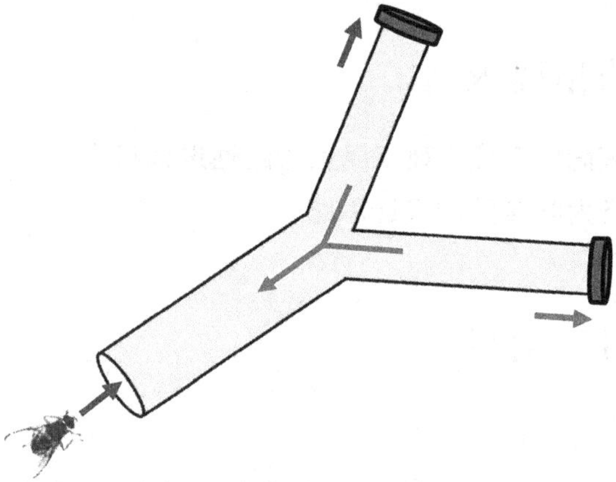

图 8-1　Y 型管嗅觉测量计示意图

（二）选择性的标准

如果试虫始终停留在距离 Y 型管中心 1 cm 内，没有做出选择，记为无反应；如果试虫进入臂管超过 5 cm，并且停留 1 min 以上，记为试虫对该臂气味源做出了选择；如果试虫由基管爬出，记为爬出基管。每测定 10 头虫时更换同样的 Y 型管，并用丙酮和双蒸水清洗使用过的 Y 型管，高温烘干。

（三）爬行速率的测定

可利用直尺在 Y 型管基管（或臂管）标上刻度，同时利用试虫的趋光性使其向两臂管爬动，记录每头试虫从释放到爬入目的臂所需的时间，每头试虫观察时间不超过 5 min。最后，计算该种试虫的爬行速率。光源可放在两臂管与基管的交叉处。

四、知识与技能考核

1. 记录观察昆虫的选择性行为及习性。
2. 利用提供的装置，设计试虫趋向性实验，并计算气味吸引指数。
3. 计算昆虫在某一种行为选择性实验中的爬行速率。

实验九
自主设计实验

一、实验目的和要求

1. 通过实验，培养学生初步的实验设计能力。
2. 通过实验，掌握实验对象的生物学行为或习性特点。

二、实验材料和用具

自备活体昆虫（种类不限）、自制实验装置或借用实验室设备。

三、实验内容和方法

1. 以小组为单位，以家蚕、黄粉虫、蚜虫、蜚蠊或书虱为研究对象，自主设计温度、光照、食料等外界环境因素对一种或数种昆虫生长发育影响的实验方案，并做好记录（可在实验二的基础上扩展）。

2. 以昆虫为主题，自主设计一个实验，证明或验证某种昆虫具有某种行为或习性。 如昆虫活动的昼夜规律，昆虫的食性与取食行为，昆虫的趋性和群集性，昆虫的物理或化学防御行为，昆虫逆境胁迫下的行为应对策略等。

3. 以小组为单位完成实验，并制作课件，讲述实验过程和结果。 课件中要有能够反映实验过程的影像资料，如实验过程的照片或视频。 要求小组中每位成员都能够流畅讲解实验过程和结果。

四、知识与技能考核

1. 记录各种昆虫不同虫态在不同环境因子下的历期。
2. 记录所观察昆虫的行为和习性，并阐述其产生的生物学基础。

3. 根据实验内容填写下面的实验结题报告并进行汇报。

普通昆虫学实验设计结题报告

<table>
<tr><td>实验题目</td><td colspan="5"></td></tr>
<tr><td>专业</td><td></td><td>年级</td><td></td><td>起止时间</td><td></td></tr>
<tr><td rowspan="6">实验小组成员</td><td>姓名</td><td colspan="2">学号</td><td>分工</td><td>联系方式</td></tr>
<tr><td></td><td colspan="2"></td><td></td><td></td></tr>
<tr><td></td><td colspan="2"></td><td></td><td></td></tr>
<tr><td></td><td colspan="2"></td><td></td><td></td></tr>
<tr><td></td><td colspan="2"></td><td></td><td></td></tr>
<tr><td></td><td colspan="2"></td><td></td><td></td></tr>
<tr><td colspan="6">一、实验研究意义</td></tr>
<tr><td colspan="6">二、实验研究内容</td></tr>
<tr><td colspan="6">三、实验结果与分析</td></tr>
<tr><td colspan="6">四、教师意见

教师（签名）:
年　月　日</td></tr>
</table>

实验十
昆虫纲一些小目昆虫的分类

一、实验目的和要求

1. 认识和掌握昆虫纲部分小目的主要形态特征，如蜉蝣目、蜻蜓目、襀翅目、啮虫目、广翅目、脉翅目、缨翅目。

2. 学习编制目级检索表。

二、实验材料和用具

（一）材料

蜉蝣目、蜻蜓目、襀翅目、啮虫目、广翅目、脉翅目、缨翅目等昆虫标本。

（二）用具

体视显微镜、泡沫板等。

三、实验内容和方法

1. 观察标本并阅读各目的主要形态特征，根据形态特征鉴定所观察的标本。

2. 观察昆虫翅的类型和特点；思考各目名称的来由；观察各目头式是前口式还是下口式；观察各目口器类型是咀嚼式还是锉吸式。

3. 各目特征。

蜉蝣目(Ephemeroptera)：代表物种蜉蝣。触角短，鬃状；口器咀嚼式，退化；前翅大，三角形，后翅很小，具有1对细长的尾须（有的还有中尾丝），前足延长。

蜻蜓目(Odonata)：代表物种蜻蜓、豆娘。头和复眼大，触角刚毛状，胸部大，侧板倾斜，腹部细长；前后翅不能收褶，脉纹网状，翅痣和翅结明显。

襀翅目(Plecoptera)：代表物种石蝇、襀翅虫。头宽，口器咀嚼式，退化；触角线状，前胸大而能动，近似方形；翅膜质，后翅臀区发达；尾须 1 对，细长分节。

啮虫目(Psocoptera)：代表物种啮虫、书虱。体小，头大，口器咀嚼式，前胸狭小如颈瓶；有翅或无翅，有翅型具翅 2 对，膜质，前翅大，具翅痣，横脉少，后翅小。

广翅目(Megaloptera)：代表物种鱼蛉。大型，头前口式，前胸方形；翅膜质，后翅臀区大，翅脉网状，到边缘多不分叉。雄虫上颚极发达，无尾须。

脉翅目(Neuroptera)：代表物种草蛉、蝶角蛉。体细长，头下口式，咀嚼式口器；前后翅膜质，形状相似，翅脉网状，翅脉在边缘分叉。

缨翅目(Thysanoptera)：代表物种蓟马。体小，细长，头略带后口式，口器圆锥形，锉吸式；触角线状，翅狭长，边缘有很多长而整齐的缨状缘毛；足的末端有泡状的中垫，爪退化。

昆虫纲分目检索表

1. 原生无翅；腹部第 6 节以前常有附肢 ………… 2
   有翅或次生无翅；腹部第 6 节以前无附肢 ………… 3
2. 体侧扁且胸部强烈背向隆起；胸足基节具刺突 ………… 石蛃目(Microcoryphia)
   体背腹扁平；胸足基节上无刺突 ………… 衣鱼目(Zygentoma)
3. 触角刚毛状；翅竖在背上或平展而不能折叠 ………… 4
   触角丝状、念珠状或剑状等；翅可以向后折叠，或无翅 ………… 5
4. 尾须细长而多节，有时还有中尾丝；后翅很小，无翅痣 …… 蜉蝣目(Ephemeroptera)
   尾须粗短不分节，无中尾丝；前后翅相似或后翅更宽，有翅痣 …… 蜻蜓目(Odonata)
5. 前翅皮革质且口器咀嚼式；如前翅膜质则前后翅同形等大 ………… 6
   前翅非皮革质且前后翅大小不同；如前翅皮革质则口器刺吸式 ………… 10
6. 后足跳跃足；前胸背板马鞍形并覆盖前胸侧板大部 ………… 直翅目(Orthoptera)
   后足非跳跃足；前胸侧板外露 ………… 7
7. 前足为捕捉足 ………… 螳螂目(Mantodea)
   前足为步行足 ………… 8

8. 尾须坚硬呈铗状 ………………………………………………………… 革翅目(Dermaptera)
尾须线状且柔软,或无尾须 ……………………………………………………………………… 9
9. 前胸背板强烈向前扩展并盖住头大部;如前胸背板正常则触角为念珠状且有翅型前后翅同形等大;部分种类无翅 ……………………………… 蜚蠊目(Blattodea)
触角丝状;前胸背板不向前扩展,头外露;体杆状或树叶状;前后翅大小和形状有明显差异;部分种类无翅 ……………………………………… 䗛目(Phasmatoptera)
10. 口器咀嚼式或嚼吸式 ……………………………………………………………………… 11
口器非咀嚼式、非嚼吸式 ………………………………………………………………………… 25
11. 具尾须 ……………………………………………………………………………………… 12
不具尾须 ………………………………………………………………………………………… 17
12. 前足基跗节膨大为丝腺 ………………………………………… 纺足目(Embioptera)
前足基跗节不膨大为丝腺 ……………………………………………………………………… 13
13. 触角念珠状 ……………………………………………………… 缺翅目(Zoraptera)
触角线状 ………………………………………………………………………………………… 14
14. 头部向下延伸呈喙状 …………………………………………… 长翅目(Mecoptera)
头部不延伸呈喙状 ……………………………………………………………………………… 15
15. 静止时两对膜翅平伏于体背;幼期水生 ……………………… 襀翅目(Plecoptera)
无翅;陆生 ……………………………………………………………………………………… 16
16. 下口式;尾须短且不分节 ……………………………… 螳䗛目(Mantophasmatodea)
前口式;尾须细长多节 …………………………………… 蛩蠊目(Grylloblattodea)
17. 前翅鞘翅 …………………………………………………………… 鞘翅目(Coleoptera)
前翅膜质或无翅 ………………………………………………………………………………… 18
18. 后唇基强烈隆起为半球形;有翅或无翅 ……………………… 啮虫目(Psocoptera)
后唇基区平坦;有翅或无翅 …………………………………………………………………… 19
19. 体侧扁;后足为变形的跳跃足 ………………………………… 蚤目(Siphonaptera)
体筒状;后足为步行足或携粉足 ……………………………………………………………… 20
20. 翅脉网状且肩横脉成列 ……………………………………………………………………… 21
翅脉不呈网状且肩横脉 0～1 根 ……………………………………………………………… 23
21. 后翅臀区发达,可以折叠 ……………………………………… 广翅目(Megaloptera)
后翅臀区小,不能折叠 ………………………………………………………………………… 22
22. 头基部不延长;前胸如延长,则前足为捕捉足;雌虫常无产卵器 ………………………………………………………………………… 脉翅目(Neuroptera)
头基部和前胸均向前延长;前足不特化;雌虫有针状产卵器 ………………………………………………………………………… 蛇蛉目(Raphidioptera)

23. 前翅为棒翅，后翅很大；雌虫无翅，无足，内寄生于昆虫体内 ……………………………………………………………………………… 捻翅目(Strepsiptera)
前翅不特化为棒翅 …………………………………………………………………… 24
24. 腹部第1节常并入胸部；或后翅前缘有1列小钩；或无翅 …………………………………………………………………………… 膜翅目(Hymenoptera)
腹部第1节不并入胸部；后翅无小钩；翅为毛翅 ………… 毛翅目(Trichoptera)
25. 前后翅为鳞翅；口器为虹吸式 …………………………… 鳞翅目(Lepidoptera)
翅上无鳞片或无翅；口器非虹吸式和咀嚼式 …………………………… 26
26. 后翅退化为平衡棒 ………………………………………… 双翅目(Diptera)
有后翅或前后翅缺失 ………………………………………………………… 27
27. 口器锉吸式；翅为缨翅；胸足端部泡状…………………… 缨翅目(Thysanoptera)
口器刺吸式；有翅或无翅，如有翅则不为缨翅；胸足端部具爪 ………………… 28
28. 无翅；口器位于头的前端；足为攀缘足 ……………………… 虱目(Phthiraptera)
前翅为半鞘翅或膜翅，后翅膜翅，或无前后翅；口器在头的下面；足不适于攀缘 …………………………………………………………………… 半翅目(Hemiptera)

四、知识与技能考核

1. 掌握本实验中所涉及各目的主要区别特征。
2. 列表写出本实验中各种昆虫的鉴定结果。
3. 根据鉴定结果编制各目分类检索表。

实验十一
直翅总目昆虫的分类

一、实验目的和要求

1. 认识和掌握直翅总目中各目的主要形态特征，如螳螂目、蜚蠊目、革翅目、䗛目、直翅目。

2. 掌握直翅总目中重要科的形态特征。

3. 学习使用和编制分类检索表。

二、实验材料和用具

（一）材料

螳螂目（螳螂科）、革翅目（蠼螋科）、䗛目（䗛科）、蜚蠊目（蜚蠊科、白蚁科）、直翅目（蝼蛄科、蟋蟀科、螽斯科、蝗科、蚱科、蜢科、树蟋科）等标本。

（二）用具

体视显微镜、泡沫板等。

三、实验内容和方法

1. 观察标本并阅读各目（科）的主要形态特征，根据形态特征鉴定所观察的标本。

2. 观察昆虫的前足（步行足还是捕捉足），头式（前口式还是下口式），体型（椭圆形、杆状还是其他形状）；观察听器的有无和位置；观察触角长度与身体的关系；观察雌虫产卵器的形状。

3. 各目（科）特征。

蜚蠊目(Blattodea)：口器咀嚼式，下口式；头近三角形，步行足，腹末具尾须1对。前胸背板很大，盖住头部；触角长，丝状；多数种类雄虫第9腹板（下生殖板）具1对刺突（蜚蠊）；前胸背板不发达，不盖住头部，触角念珠状；雄虫下生殖板无刺突（白蚁）。前翅覆翅，后翅扇状可以纵褶，不善飞（蜚蠊）；前后翅形状及脉纹相似（白蚁）。渐变态；无发音器或听器。

硕蠊科(Blaberidae)：体小至大型，多黑褐色或黑色，前胸背板较厚，常具瘤突和凹陷，不透明。多数种类体肥硕、宽大；尾须常不伸出肛上板后缘。雄性外生殖器分左、中、右三部分，较退化，骨片简单；雌虫下生殖板不分瓣。

姬蠊科(Blattellidae)：体小至中型，多黄褐色；前胸背板薄、光滑，边缘无色则近透明，常具棕褐色斑纹；体较纤细，尾须长过肛上板。雄性外生殖器分为左、中、右三部分，不退化；雌虫下生殖板不分瓣。

蜚蠊科(Blattidae)：体小至大型，黄褐色至黑褐色；前胸背板光滑，较厚，不透明；体较粗壮；尾须长过肛上板。雄成虫下生殖板常具2个相互远离的、圆柱形刺突；雌虫下生殖板分为两瓣。

白蚁科(Termitidae)：成虫头部有囟(xìn)，左上颚有2缘齿，后唇基大而隆起；前胸背板狭于头宽；前翅鳞小，不与后翅鳞重叠，R脉退化或缺失；尾须1～2节。

螳螂目(Mantodea)(**螳螂科** Mantidae)：口器咀嚼式；前胸极长，前足捕捉式，头三角形；前翅覆翅，后翅扇状可纵褶；腹部具1对尾须。雄虫第9腹板具1对刺突。

革翅目(Dermaptera)(**蠼螋科** Labiduridae)：体长形，坚硬；头扁宽，口器咀嚼式，前口式；跗节3节；腹末端有尾铗；前翅短小革质，后翅扇状膜质，可褶叠置于前翅下，脉纹放射状。

䗛目(竹节虫目)(Phasmatoptera)：代表物种竹节虫。体和足细长，口器咀嚼式；前胸短，中后胸长，翅退化或无；拟态成竹枝状或叶状。

叶䗛科(Phyllidae)：体一般绿色，阔叶状，体扩展且背腹极扁平，足腿节与胫节扩展呈叶状。性二型明显，雌性触角较长，丝状。前翅宽叶状，较长；后翅常退化。雄性触角很短，复翅较小，宽大的后翅露于体外。

䗛科(Phasmatidae)：触角分节明显，常短于前足腿节。雌性股节基背面锯齿状，或触角长于前足腿节，但不如体长；中后足腿节腹脊呈均匀锯齿状。

蝼蛄科(Gryllotalpidae)：触角短于体长，前足开掘式，胫节阔而有 4 齿；听器退化，状如裂缝；跗节基部有 2 齿，后足腿节不发达，非跳跃式；前翅短而后翅长，伸出腹部末端如尾状；尾须长；产卵器退化；跗节 3 节。

蟋蟀科(Gryllidae)：跗式 3－3－3；后足发达，善跳跃；前足胫节具听器；产卵器外露，针状或矛状；尾须长。

螽斯科(Tettigoniidae)：体躯纵扁或近圆柱状；触角丝状，比体长。前足胫节基部具 1 对听器；后足腿节十分发达；足跗节 4 节；尾须短小。雌成虫产卵器刀状或剑状。

树蟋科(Oecanthidae)：体细长，绿色；头长而平伸，前口式；后足胫节背面有 2 列细刺及 4 个大刺。

蚤蝼科(Tridactylidae)：前足开掘式，后足跳跃式，跗式 2－2－1，后足胫节端部有 2 个能活动的长片，为助跳用。

蝗科(Acrididae)：体较大；触角丝状、棒状或剑状；前胸背板较短，仅盖住胸部背面；跗式 3－3－3；爪间有中垫；腹部第 1 节背板两侧具鼓膜听器。

蚱科(Tetrigidae)：旧称菱蝗科。体小；前胸背板特别发达，向后延伸盖住腹部，末端尖，菱形；前翅退化，鳞片状；后翅发达；跗式 2－2－3；缺中垫；无发音器和听器。

蜢科(Eumastacidae)：触角常短于前足腿节，腹部第 1 节无鼓膜听器；跗式 3－3－3。

直翅总目分目检索表

1. 尾须呈坚硬不分节的铗状 ……………………………………	革翅目(Dermaptera)
尾须不呈铗状 ……………………………………………………	2
2. 前足捕捉足 ………………………………………………	螳螂目(Mantodea)
前足非捕捉足 ……………………………………………………	3
3. 后足跳跃足;前胸背板马鞍形并覆盖前胸侧板大部 …………	直翅目(Orthoptera)
后足非跳跃足;前胸侧板外露 ……………………………………	4
4. 前胸背板很大,盖住头部;如前胸背板不盖住头部则触角为念珠状且有翅型前后翅同形等大;部分种类无翅 …………………………………	蜚蠊目(Blattodea)
触角丝状;前胸背板不向前扩展,头外露;体杆状或树叶状;前后翅大小和形状有明显差异;部分种类无翅 …………………………………	䗛目(Phasmatoptera)

直翅目分科检索表

1. 触角细长,较身体长,30节以上;如有听器,则位于前足胫节上　螽斯亚目(Ensifera) … 2

触角较身体短,少于30节;如有听器,则位于腹部;足的跗节3节或更少　蝗亚目 ………………………………………………………………………… (Caelifera) 7

2. 跗节4节 …………………………………………………………………… 3

跗节不超过3节 …………………………………………………………… 4

3. 前足胫节常具听器,足正常 ………………………… 螽斯科(Tettigoniidae)

前足胫节无听器,跗节极侧扁,无中垫 ……………… 灶马科(Rhaphidophoridae)

4. 前足胫节膨大,适于掘土 ………………………………………………… 5

前足胫节正常 …………………………………………………………… 6

5. 跗节3—3—3式;后足非跳跃足 ……………………… 蝼蛄科(Gryllotalpidae)

跗节2—2—1式;后足为跳跃足 ……………………… 蚤蝼科(Tridactylidae)

6. 前口式,体细长,后足胫节背面每侧具4大刺和许多小刺 ………………………… ………………………………………………………………… 树蟋科(Oecanthidae)

下口式,体粗,后足胫节背面不如上述 ……………………… 蟋蟀科(Gryllidae)

7. 跗节2—2—3式,无中垫,前胸背板向后极度延伸,覆盖腹部大部或全部 ……… ………………………………………………………………………… 蚱科(Tetrigidae)

跗节3—3—3式,有中垫,前胸背板短,仅盖在胸部背面 ……………………… 8

8. 腹部无鼓膜听器,后足跗节第1节有几个瘤突或1～2个小的亚端刺 …………… ………………………………………………………………… 蜢科(Eumastacidae)

腹部第1节有鼓膜听器,后足跗节第1节不如上所述 ……………………………… 9

9. 头顶具细纵沟;后足腿节外侧有排列不规则的颗粒隆线;触角剑状 ……………… …………………………………………………………… 锥头蝗科(Pyrgomorphidae)

头顶缺细纵沟;后足腿节外侧有排列整齐的羽状隆线;触角多样 ……………… 10

10. 具前胸腹板突 ……………………………………… 斑腿蝗科(Catantopidae)

无前胸腹板突 …………………………………………………………… 11

11. 触角丝状;前翅中闰脉上具发音齿,同后翅纵脉的膨大部分摩擦发音 ………… ………………………………………………………………… 斑翅蝗科(Oedipodidae)

触角剑状;前翅缺中闰脉,发音齿多着生在后足腿节内存的下隆线上 ………… ……………………………………………………… 蝗(剑角蝗)科(Acrididae)

四、知识与技能考核

1. 掌握本实验中所涉及各目的主要区别特征。
2. 掌握本实验中所涉及各科的主要区别特征。
3. 列表写出本实验中各昆虫的鉴定结果。
4. 根据鉴定结果编制科级分类检索表。

实验十二
半翅目昆虫的分类

一、实验目的和要求

1. 了解半翅目的主要特点，掌握半翅目常见科的主要形态特征。

2. 能够识别半翅目常见的科。

3. 学习编制半翅目异翅亚目和同翅亚目分科检索表。

二、实验材料和用具

（一）材料

蝽科、缘蝽科、猎蝽科、盲蝽科、网蝽科、红蝽科、负子蝽科（田鳖）、长蝽科、龟蝽科、盾蝽科、黾蝽科、蝉科、沫蝉科、叶蝉科、蜡蝉科、飞虱科、蚜科、木虱科、绵蚧科等昆虫的标本。

（二）用具

体视显微镜、泡沫板等。

三、实验内容和方法

1. 观察标本并阅读异翅亚目和同翅亚目常见科的主要形态特征。根据形态特征鉴定所观察的标本。

2. 观察前翅的构成和分区的特点；观察膜质区翅室及脉的构成；观察足及触角的特点。

3. 了解异翅亚目主要科的特征。

异翅亚目（Heteroptera）：体扁平，体壁坚硬。拉开前翅观察，基部有加厚的革片，端部为膜片，革片之后为三角形的爪片。由腹面观察其口器，有分节的喙管和微小的上唇，由头的前端伸出折向头胸腹面。前翅和口器的着生情况为本亚目重要特征。

蝎蝽科(Nepidae)：体形多变，细长或阔；触角短，3 节；喙 3 节；前足捕捉足，跗式 1—1—1；腹部末端有长的呼吸管。

仰泳蝽科(Notonectidae)：体背隆起似船底，游泳时背面朝下；触角4 节；喙 3～4 节；前足、中足短，后足游泳足，跗节无爪，跗式 2—2—2。

蝽科(Pentatomidae)：触角 5 节；半鞘翅分为革片、爪片、膜片三部分，膜片上有多数纵脉，多从一基横脉上分出；中胸小盾片很大，至少超过前翅爪区长度。

盲蝽科(Miridae)：头部背面无单眼；前翅革片的前端有一块三角形的楔片；膜区脉纹半圆形，被一纵脉分为 2 个翅室。

长蝽科(Lygaeidae)：前翅膜区有 4～5 条纵脉；触角着生在头侧的下方，位置比复眼低。

缘蝽科(Coreidae)：膜区有许多分叉纵脉，由基部 1 条横脉上生出；中胸小盾片小，三角形，不超过爪片的长度；体较狭长，两侧略平行，触角着生于头的侧上方。

网蝽科(Tingidae)：体扁，前胸背板向后延伸盖住小盾片，有网状花纹；前翅不分革片、膜片，都有网状花纹。

土蝽科(Cydnidae)：触角通常 5 节，第 2 节甚短，有的退化为 4 节，在第 3、4、5 节之间常具 1 个小环；前足胫节扁平，两侧具强刺。

猎蝽科(Reduviidae)：由侧面观察，喙弯曲，3 节；前翅膜区有 2 个大翅室，其上伸出两条纵脉。

姬蝽科(Nabidae)：由侧面观察，喙略弯曲，4 节；膜区 4 纵脉，形成 2～3 个长形闭室，再分出一些短的分支。

花蝽科(Anthocoridae)：前翅有缘片，楔片界线不明显，膜片上有 1～4 条纵脉。

负子蝽科(Belostomatidae)：体扁宽；触角 4 节，位于腹沟内；前足捕捉足，中、后足游泳足；革区脉纹网状。

盾蝽科(Scutelleridae)：触角 5 节或 4 节；喙 4 节；单眼 2 个；小盾片盾形，盖住翅和整个腹部；前翅与体等长，革片不伸达翅的臀缘，膜片不折叠；跗式 3—3—3。

红蝽科(Pyrrhocoridae)：体多为红色且带黑斑；触角 4 节；喙 4 节；无单眼；小盾片三角形；前翅膜片有 2～3 个翅室，每个翅室有 3～4 条纵脉伸出；跗式 3—3—3。

黾蝽科(Gerridae)：体细长，腹部腹面密被银白色绒毛；触角 4 节；喙 4 节；单眼常退化；前足基节远离中足基节，前足前跗节分裂，爪着生在其末端之前；后足腿节伸过腹部末端；跗式 2—2—2。

4. 了解同翅亚目主要科的特征。

同翅亚目(Homoptera)：从头部腹面观察，口器刺吸式，从头的后方生出；前翅质地均一，左右翅呈屋脊状覆于体背，不重叠，这是与异翅亚目的区别之处。

蝉科(Cicadidae)：触角短，刚毛状；单眼 3 个，跗节 3 节；翅脉发达，前翅至少有 4 条脉从基部发出；前翅脉纹粗。前足开掘式，雄虫腹部第一节有发音器。雌虫有由 3 对产卵瓣形成的产卵器。

角蝉科(Membracidae)：前胸背板极发达，有各种畸形的延伸或突起，通常盖住中胸或腹部。

沫蝉科(Cercopidae)：前翅皮革质，长过腹部；后足胫节有 2 根侧刺，端部有 2 列端刺，第 1、2 跗节各有 1 列端刺。

叶蝉科(Cicadellidae)：触角刚毛状，前翅革质，后足胫节下方有 2 列刺状毛。

蜡蝉科(Fulgoridae)：前翅前缘基部有肩板（蜡蝉总科特征），端区脉纹分叉，多横纹，呈网状，后翅臀区脉纹也呈网状。

象蜡蝉科(Dictyopharidae)：前翅狭长，头极度延长呈象鼻状，翅脉在端部多分叉，多横脉，呈网状，前翅有明显的翅痣。

飞虱科(Delphacidae)：触角锥状，后足胫节有一大而扁平的距。

木虱科(Psyllidae)：小形，触角长，10 节，第 10 节末端有毛状分叉；前翅基部生出 1 条脉纹，中途三分叉，每支再二分叉；后足基节有疣状突起，胫节端部有刺。雌性产卵器包在背、腹两生殖板内，背生殖板上有肛门。

蚜科(Aphididae)：触角 6 节，端节又分为基部和鞭状部两段；前翅有翅痣。腹部第 6 或第 7 节背前方有 1 对腹管；腹末有尾片。由头部背面观察，在复眼后有疣状突起——眼疣。触角在末节基部顶端和末前节的顶端各有 1 个圆形的原生感觉孔，第 3～6 节基部还有圆形的次生感觉孔，次生感觉孔的数目和分布可作为种的鉴别特征。

瘿棉蚜科(Pemphigidae): 前翅中脉减少或不分叉，腹管退化为盘状或完全没有，触角的次生感觉孔呈横带状或不规则的圆环状。由于其具有发达的蜡腺而体覆白色绵状蜡质。

粉虱科(Aleyrodidae): 小形，两性均有翅，表面被白色蜡粉，复眼的小眼分上下两群；触角 7 节；前翅通常有 2 条脉纹，前一条弯曲，后一条直，后翅只有 1 条脉纹；跗节 2 节，有 2 爪及 1 中垫。腹部第 9 节凹入，称为皿状孔，中间安置小形的第 10 节背板（盖片）以及一管状的肛下片（舌状突）。伪蛹壳背面分为亚缘部、背盘部，上有脱裂缝，后端有皿状孔。伪蛹壳的颜色，刺的有无、多少，纵隆线的有无均为该种类的鉴别特征。

绵蚧科(Monophlebidae): 雌雄异型。雌性通常呈椭圆形，体壁有弹性，常被蜡粉，分节明显；触角 6～11 节；足发达；腹节气门 2～3 对。雄虫有复眼，触角羽状，7～13 节；前翅脉仅 2 分支，后翅变为平衡棒。

粉蚧科(Pseudococcidae): 雌虫体形长圆，被白粉，边缘有白色的蜡质突起。腹部末端两侧有臀瓣，其上各生 1 根刺毛，称臀瓣刺毛；肛门周围有骨化的环，其上生 6 根刺毛，称肛环和肛环刺毛，没有腹部气门。

蚧科(Coccidae): 雌虫体被坚硬的蜡质；身体表面不分节；有足和触角；没有腹气门；腹部末端有深的裂缝（臀裂）；肛门上盖有 2 块三角形的骨片，叫肛板（三角片）。

盾蚧科(Diaspididae): 雌虫体扁，近圆形，黄色；头和前胸愈合；腹部末端数节愈合成臀板；触角 1 节或无；无足；身体被蜕皮和分泌物组成的介壳。雄虫白色；触角 10 节；单眼 4～6 个；大多有翅，腹末无蜡丝。

胶蚧科(Lacciferidae): 雌虫包在胶壳内，壳上有 3 个小孔，包含 1 个臀孔和 2 个肛孔，进行通气和排泄；体圆球形，喙 1 节；触角及足退化。

半翅目异翅亚目分科检索表

1. 触角比头短，隐藏在复眼下的槽内而不外露 …… 2
   触角比头长或等长，露在外面 …… 5
2. 前足跗节1节，特化呈匙状；喙极短，分节不明显 …… 划蝽科(Corixidae)
   前足跗节不特化为匙状；喙长，3节以上 …… 3
3. 前足非捕捉足；体背突，船底形 …… 仰泳蝽科(Notonectidae)
   前足捕捉足；体背不突 …… 4
4. 后足圆筒形，无缘毛，不适于游泳；腹部末端有1对长呼吸管，不能缩入体内 …… 蝎蝽科(Nepidae)
   后足扁平，有缘毛，适于游泳；腹部末端的呼吸管扁平，能自由伸缩 …… 负子蝽科(Belostomatidae)
5. 腹部腹面密被银白色绒毛；生活于水面 …… 黾蝽科(Gerridae)
   腹部腹面不被银白色绒毛；陆生 …… 6
6. 喙3节，少数4节，但第1节极短；触角4节 …… 7
   喙4节，第1节正常；触角4节或5节 …… 9
7. 喙长，伸达中足基节；如有单眼，则在两复眼后缘的连线上 …… 花蝽科(Anthocoridae)
   喙短，不伸达中足基节；如有单眼，则显然在复眼之后，或在横陷之后 …… 8
8. 无单眼；无翅(前翅极度退化，后翅消失)；前足非捕捉足 …… 臭虫科(Cimicidae)
   多有单眼；翅多发达；前足多为捕捉足 …… 猎蝽科(Reduviidae)
9. 前翅似网状 …… 网蝽科(Tingidae)
   前翅非网状 …… 10
10. 前足胫节扁平，两侧具强刺，适于掘地 …… 土蝽科(Cydnidae)
    前足胫节无强刺 …… 11
11. 小盾片完全覆盖腹部或腹部仅微露边缘 …… 12
    小盾片不覆盖腹部，至少边缘外露 …… 13
12. 前胸背板中部前方有横溢；足跗节2节 …… 龟蝽科(Plataspidae)
    前胸侧板向前扩张呈游离的叶状；足跗节3节 …… 盾蝽科(Scutelleridae)
13. 触角5节，极少数4节；小盾片长于爪片 …… 蝽科(Pentatomidae)
    触角4节；小盾片短于爪片 …… 14
14. 喙基部弯曲，不贴于头 …… 姬蝽科(Nabidae)
    喙基部直，不用时紧贴于头 …… 15

15. 无单眼 …………………………………………………………………… 16
有单眼 …………………………………………………………………… 17
16. 前翅有楔片；膜质部上有少数翅脉，形成 1 个或 2 个基室 …… 盲蝽科(Miridae)
前翅无楔片；膜质部上有 2 个大基室，由此发出 7～8 条分支脉 …………………
…………………………………………………………… 红蝽科(Pyrrhocoridae)
17. 前翅膜质部上有 8～9 条翅脉，呈网状 ………………………… 缘蝽科(Coreidae)
前翅膜质部只有 5 条纵脉 ………………………………………… 长蝽科(Lygaeidae)

半翅目同翅亚目分科检索表

1. 触角刚毛状，喙从头部前下方伸出 ……………………………………………… 2
触角丝状，喙从前足基节间伸出 …………………………………………………… 10
2. 前翅基部肩片发达；前翅 2 条臀脉相接成“Y”形 ……………………………… 3
前翅基部无肩片；前翅臀区没有“Y”形脉 ………………………………………… 7
3. 后翅臀区多横脉，脉序网纹 ………………………………………… 蜡蝉科(Fulgoridae)
后翅臀区翅脉非网状 ………………………………………………………………… 4
4. 后足胫节端部有 1 枚大距 ………………………………………… 飞虱科(Delphacidae)
后足胫节末端无大型距 ……………………………………………………………… 5
5. 头向前延伸很长，额有 2 条或 3 条脊 ………………………… 象蜡蝉科(Dictyopharidae)
头不向前延伸，额有 1 条中脊或无 ………………………………………………… 6
6. 爪片上有颗粒，前翅前缘区有横脉或前缘脉基部极弯曲 …… 蛾蜡蝉科(Flatidae)
爪片上无颗粒，前缘脉基部不很歪曲；前翅端缘宽广，斜盖体两侧 ………………
…………………………………………………………… 广翅腊蝉科(Ricaniidae)
7. 单眼 3 个；前足开掘足，腿节常具齿或刺；跗节无中垫 ………… 蝉科(Cicadidae)
单眼 2 个；前足步行足，腿节常无齿或刺；跗节有中垫 ………………………… 8
8. 前胸背板发达，向前、向后、向上或向两侧延伸呈角状突起 ……………………
…………………………………………………………… 角蝉科(Membracidae)
前胸背板正常，无角状突起 ………………………………………………………… 9
9. 后足胫节有 2 条以上棱脊，棱脊上有成列小刺 ………………… 叶蝉科(Cicadellidae)
后足胫节有 1～2 根侧刺，末端有 1～2 圈端刺 ………………… 沫蝉科(Cercopidae)
10. 跗节 2 节，同样发达 ……………………………………………………………… 11
跗节 1 节，如 2 节，则第 1 节很小；雌虫无翅，或有无翅世代 ………………… 12
11. 触角 10 节，末节端部具 2 刺；单眼 3 个；前翅 R 脉、M 脉和 Cu_1 脉基部愈合，近翅中部分成 3 支，近翅端部每支再各分为 2 分支 ………………… 木虱科(Psyllidae)
触角 3～7 节，末节端部正常；单眼 2 个；前翅不如上述 … 粉虱科(Aleyrodidae)

12. 触角 3～6 节，有明显的感觉器；跗节 2 节；喙 4～5 节；如有翅则 2 对；有腹管 ……………………………………………………………………………………………… 13

触角节数不定，无明显的感觉器；跗节 1 节；喙 1 节；雄虫后翅变为平衡棒；无腹管 ……………………………………………………………………………………………… 14

13. 腹管明显突出；触角上有圆形感觉孔 ………………………………… 蚜科(Aphididae)

腹管不明显；触角上有横带状感觉孔 ……………………… 瘿棉蚜科(Pemphigidae)

14. 雌虫腹部具气门；雄虫有复眼 ………………………… 绵蚧科(Monophlebidae)

雌虫腹部无气门；雄虫无复眼 ………………………………………………………… 15

15. 雌虫腹末有臀裂；肛门上有 2 块三角形的肛板 …………………… 蚧科(Coccidae)

雌虫腹末无臀裂；肛门上无肛板 ……………………………………………………… 16

16. 雌虫被盾形介壳；腹部第 4 节、第 5～8 节愈合成臀板；无肛环或肛环刺 ……… ……………………………………………………………… 盾蚧科(Diaspididae)

雌虫无盾形介壳；腹部末端几节不愈合成臀板；肛门周围有肛环和肛环刺 …… ……………………………………………………………… 胶蚧科(Lacciferidae)

四、知识与技能考核

1. 列表写出各标本的鉴定结果。
2. 根据鉴定结果编制科级分类检索表。
3. 绘制盲蝽前翅构造图，并注明各部分的名称。
4. 绘制飞虱后足结构图，并注明各部分的名称。
5. 熟悉半翅目常见科的典型特征。

实验十三
鞘翅目昆虫的分类

一、实验目的和要求

1. 了解鞘翅目的主要特点，掌握鞘翅目常见科的主要形态特征。
2. 能够识别鞘翅目常见的科。
3. 学习编制鞘翅目分科检索表。

二、实验材料和用具

（一）材料

虎甲科、步甲科、拟步甲科、龙虱科、隐翅甲科、水龟甲科、天牛科、吉丁甲科、叩头甲科、鳃金龟科、芫菁科、瓢甲科、叶甲科等昆虫的标本。

（二）用具

体视显微镜、泡沫板等。

三、实验内容和方法

1. 观察标本并阅读鞘翅目常见科的主要形态特征。根据形态特征鉴定所观察的标本。

[观察提示：(1)判断基节窝的类型，观察第1腹板是保持完整还是被基节窝分割成两部分，这是区别多食亚目(Polyphaga)和肉食亚目(Adephaga)的特征之一；(2)观察跗节的节数是5节、4节还是3节，同时注意跗节是否具有“拟3节”(或“隐4节”)和“拟4节”(或“隐5节”)的情况；(3)观察头式的类型是前口式还是下口式，以及触角的类型。]

2. 了解鞘翅目主要科的特征。

鞘翅目特征：咀嚼式口器；前翅角质化、坚硬，覆盖在身体的背面，中央有 1 个会合的纵缝（中缝）；前胸背板发达；掀起前翅可见膜质后翅和柔软的腹节背板；身体其他部分都很坚硬。

虎甲科（Cicindelidae）：体色鲜艳，头下口式，比胸部宽；复眼大且突出；触角 11 节，两触角间的距离小于上唇宽度；上颚发达呈镰刀状；后翅无纵室；足细长，跗节 5 节。

步甲科（Carabidae）：一般为黑色或褐色，有光泽，少数颜色鲜艳；触角 11 节，跗节 5 节，肉食性；头前口式，比前胸窄；两触角间的距离大于上唇宽度；腹部基部 3 节愈合不能活动；后翅有纵室。

龙虱科（Dytiscidae）：后足基节极发达，占据后胸大部分，后足长且扁阔，有长毛，为游泳足；中后足间的距离远大于前中足间的距离；体背、腹面拱起呈流线型，适于水生。雄虫前足基部三跗节扩大，呈近似圆形的吸盘状。

象甲科（Curculionidae）：喙较短，向下伸，长大于宽；触角呈膝状弯曲，末端 3 节呈锤状；头部腹面有一外咽缝；胫节外侧无齿或顶端无距；跗节隐 5 节。

小蠹科（Scolytidae）：体小，圆柱形，色暗；喙宽大于长，短而不明显；头后部常被前胸背板所覆盖，前胸背板大，且发达，常长于体长的 1/3，与鞘翅等宽；触角短，锤状；复眼卵圆形；胫节外侧有成列的齿，端齿延伸成一弯突。

水龟甲科（Hydrophilidae）：外形似龙虱，但背面更隆起，体光滑且坚硬；颚须长，线状，与触角等长或更长；中后足长，有长毛，但不扁平，跗节 5 节；胸部腹板有中脊 1 条。

拟步甲科（Tenebrionidae）：体扁平，色暗；跗节 5—5—4 式；头狭，嵌在前胸上，后足基节不固定在腹板上，不划分第 1 腹节腹板。

萤科（Lampyridae）：体和鞘翅柔软；头前口式，很小，完全被大型的前胸背板所盖住。雄虫触角呈栉状或扇状；腹部 6～7 节间有发光器。

隐翅甲科（Staphylinidae）：触角 10 或 11 节，线状（有的种类为棒状）；鞘翅极短，没有盖住腹部一半。

埋葬甲科（Silphidae）：触角锤状；鞘翅短，末端截形，盖住腹部一半以上，腹部露出 3 节。

锯谷盗科(Silvanidae)：体狭长，扁平；触角 11 节，棒状；前口式，上颚发达且外露；跗节 5 节；下唇须 3 节；头大，几乎与前胸背板等宽，前胸背板边缘常有刺状突起；前足基节窝闭式，近圆形，跗节第 4 节最短；后足基节横生，相接近。

谷盗科(Ostomatidae)：体狭长，扁平；触角 11 节，棒状；前口式，上颚发达且外露；跗节 5 节；下唇须 4 节；前胸背板边缘无刺突；前足基节窝横形，跗节第 1 节最短，后足基节相互接触。

锹甲科(Lucanidae)：体大型。雌雄异型，雄虫上颚极发达，呈鹿角状，末端 3 节为小型的鳃片状；下唇小，不能活动；跗节 5 节。

叩头甲科(Elateridae)：具有坚硬且细长的身体，前胸腹板均有 1 个向后延伸的、细长尖锐的前胸腹板突，嵌在中胸腹板的凹陷内；体色一般黑暗；前胸与翅鞘间凹下，能活动；前胸背板两侧后缘有尖锐的后角突起。

吉丁甲科(Buprestidae)：具有坚硬且细长的身体，前胸腹板均有 1 个向后延伸的扁平前胸腹板突起，嵌在中胸上；体色多鲜艳，有金属光泽；前胸与翅鞘间不凹下，不能活动。

瓢甲科(Coccinellidae)：身体呈半球形，像一个倒置的圆瓢，腹面扁平；触角短，棍棒状；足跗节为拟 3 节；背面光滑无毛，上颚有基齿，端部对裂或不分裂。马铃薯瓢虫是叶瓢甲亚科（Epilachninae）的代表物种，背面有毛，少光泽；上颚无基齿，端部有许多小齿。

天牛科(Cerambycidae)：触角竹节状，长于身体的一半，一般比身体长，第 2 节长仅仅为第一节的 1/5；复眼肾脏形；触角由复眼的凹陷处伸出，着生在额的突起上；跗节隐 5 节；一般身体狭长，两侧近乎平行。

叶甲科(Chrysomelidae)：头亚前口式，后头不延伸呈颈状；复眼与前胸前缘接触，前胸两侧具边框；唇基前部分出为前唇基，其前缘平直，两侧前角不突出；翅脉无“W”室，常见有 2 个亚科。跳甲亚科（Alticinae），后足腿节膨大，善于跳跃，胫节外侧往往有沟，常呈椭圆形。叶甲亚科（Chrysomelinae），后足非跳跃足，尾节常露于鞘翅外，前足基节横形。

豆象科(Bruchidae)：头前口式，后头发达，常呈颈状；复眼不与前胸前缘接触，两者间有一定距离，前胸两侧一般无边框；第 3 跗节黏毛双叉式。鞘翅特征：翅刻点行列整齐，线条式，每翅一般 10 行；前胸背板有时具侧边，臀板发达，外露。

肖叶甲科(Eumolpidae)：头下口式，额与身体成直角或近于直角，前唇基不明显，额唇基前缘向后弓弯，两侧角突出；翅脉呈“W”室；前足基节窝闭式。其中，肖叶甲亚科（Eumolpinae），腹部第2～4节中央不狭窄，体卵圆形或圆形，背面强烈隆起且前面缢缩；前胸侧无沟，口器全部外露。隐头叶甲亚科（Cryptocephalinae），腹部第2～4节中部狭缩，各节呈半环形，体近圆柱形；触角细长，丝状，前足基节彼此间隔有相当距离，前胸腹板一般较宽或很宽。

鳃金龟科(Melolonthidae)：前足开掘式，跗节5节；触角鳃叶状，通常10节，末端3～5节向一侧扩张呈瓣状，合起来呈锤形；后足着生在身体的中间，位置接近中足而远于腹部末端；气门至少有1对露出鞘翅外；两爪长度等长。

丽金龟科(Rutelidae)：前足开掘式，跗节5节；触角鳃叶状，通常10节，末端3～5节向一侧扩张呈瓣状，合起来呈锤形；后足着生在身体的中间，位置接近中足而远于腹部末端；气门至少有1对露出鞘翅外；足两爪长度不等，在后足上特别显著，每个爪均能活动；腹部气门3个在腹间膜上，3个在腹板上。

花金龟科(Cetoniidae)：前足开掘式，跗节5节；触角鳃叶状，通常10节，末端3～5节向一侧扩张呈瓣状，合起来呈锤形；后足着生在身体的中间，位置接近中足而远于腹部末端；气门至少有1对露出鞘翅外；体阔，背面扁平，上唇退化或膜质，中胸腹板有一圆形向前突出物。

金龟甲科(Scarabaeidae)：前足开掘式，跗节5节，触角鳃叶状，通常10节，末端3～5节向一侧扩张呈瓣状，合起来呈锤形；后足着生位置接近身体末端而远于中足；腹部气门完全被鞘翅所盖住；触角的锤状部有毛。

芫菁科(Meloidae)：身体和鞘翅比较柔软，头部略比前胸宽，头的后缘收缩成圆形，跗式和拟步甲科相似，为5—5—4式，但前足基节窝为开式。

鞘翅目分科检索表

1. 前胸背板有背侧缝；腹部第1腹板被后足基节分割；后翅具小纵室 …………………………………………………………………… 肉食亚目(Adephaga)2
前胸常无背侧缝；腹部第1腹节腹板完整；后翅无小纵室 …………………………………………………………………… 多食亚目(Polyphaga)4
2. 后足短或游泳足，水生 …………………………… 龙虱科(Dytiscidae)
后足步行足，陆生 …………………………………………… 3
3. 前胸背板比头宽，触角间距大于上唇的宽 ………………… 步甲科(Carabidae)
前胸背板比头窄，触角间距小于上唇的宽 ………………… 虎甲科(Cicindelidae)
4. 头部延长呈喙状，外咽缝愈合或消失 …………………………… 5
头部正常或略呈短喙状，外咽缝2条 …………………………… 6
5. 喙极短宽，不发达；胫节外侧有齿1列或其顶端有弯距；触角短，末端呈球状 …………………………………………………………………… 小蠹科(Scolytidae)
喙一般长大于宽；胫节外侧无齿或顶端无距 ……………… 象甲科(Curculionidae)
6. 触角不呈鳃叶状 …………………………………………… 7
触角呈鳃叶状 ……………………………………………… 22
7. 跗节4节或5节，绝不呈隐5节 …………………………… 8
跗节隐5节 …………………………………………………… 20
8. 下颚须几乎与触角等长，中胸腹板突具有中脊突 …… 水龟甲科(Hydrophilidae)
下颚须明显短于触角，中胸腹板无中脊突 …………………… 9
9. 鞘翅极短，末端横截，腹部露出2～3节 ………………… 10
鞘翅盖住大部分腹部，若短则柔软，末端不横截，或腹部露出不多于2节 …… 11
10. 体细长，腹部背板硬化；触角9～11节，线状或稍呈棍棒状 …………………………………………………………………… 隐翅甲科(Staphylinidae)
体宽短；腹部背板一般膜质；触角10节，棍棒状 ………… 埋葬甲科(Silphidae)
11. 前胸腹板具向后延伸的突起；嵌在中胸腹板上 ………………… 12
前胸腹板无向后延伸的突起 …………………………………… 13
12. 前胸背板与鞘翅相接处不凹下，前胸不能动 ………… 吉丁甲科(Buprestidae)
前胸背板与鞘翅相接处凹下，前胸能动 ………………… 叩头甲科(Elateridae)
13. 前胸腹板7～8节；鞘翅柔软，体狭长或具发光器 …………………… 14
可见腹板不多于6节；鞘翅较坚硬 ……………………………… 15
14. 触角左右接近；头常被前胸背板盖住；有发光器 ………… 萤科(Lampyridae)
触角左右远离；头不被前胸背板盖住；无发光器 ………… 花萤科(Cantharidae)

15. 跗节为 5—5—5 …………………………………………………………………… 16
跗节为 5—5—4 或隐 4 节 …………………………………………………… 18
16. 后足基节扁平,不具容纳腿节的槽 ………………………… 郭公甲科(Cleridae)
后足基节板状,具容纳腿节的槽 …………………………………………………… 17
17. 无单眼;前足基节球状 ………………………………………… 窃蠹科(Anobiidae)
额上常有 1 个单眼;前足基节圆锥形 ………………………… 皮蠹科(Dermestidae)
18. 跗节为隐 4 节 …………………………………………………… 瓢甲科(Coccinellidae)
跗节为 5—5—4 …………………………………………………………………… 19
19. 前足基节窝开式,爪分裂为 2 叉 ………………………………… 芫菁科(Meloidae)
前足基节窝闭式,爪一般不分裂 ……………………… 拟步甲科(Tenebrionidae)
20. 头部略呈短喙状;鞘翅短,腹末外露;后足基节左右靠近 …… 豆象科(Bruchidae)
头部不呈短喙状;鞘翅长,腹末多不外露;后足基节左右分开 ………………… 21
21. 触角着生在额瘤上,被肾形复眼环绕,能置于体背上;触角长于体长的 2/3 ……
……………………………………………………………… 天牛科(Cerambycidae)
触角未生在额瘤上,未被复眼环绕,不能置于体背上;触角短于体长的 2/3 ……
……………………………………………………………… 叶甲科(Chrysomelidae)
22. 触角叶状节不能合并在一起,呈短梳齿状;雄虫上颚发达如鹿角状 …………
……………………………………………………………………… 锹甲科(Lucanidae)
触角叶状节能合并成实心的锤状 ……………………………………………… 23
23. 腹部 6 对气门均位于侧膜上,均被鞘翅盖住 ………………………………… 24
至少体后方的气门位于腹板上,在膜的下方,最后 1 个气门露在鞘翅外 …… 26
24. 后足胫节有 1 个端距;小盾片常看不见;中足左右远离 ………………………
……………………………………………………………… 金龟甲科(Scarabaeidae)
后足胫节有 2 个端距;小盾片发达;左右中足较接近 ………………………… 25
25. 触角 11 节,触角鳃叶部由 3 节组成;上颚和上唇明显 ………………………
……………………………………………………………… 粪金龟科(Geotrupidae)
触角 9 节,上颚隐藏于唇基下方;体小型,生活在兽粪中 ………………………
……………………………………………………………… 蜉金龟科(Aphodiidae)
26. 腹部气门在后方稍向外分开,每一行几乎呈 1 条直线;各足的 2 爪等大 ………
……………………………………………………………… 鳃金龟科(Melolonthidae)
腹部气门在后方强烈地分开,每一行呈 1 条折线 …………………………… 27
27. 爪不等长,可自由活动 ………………………………………… 丽金龟科(Rutelidae)
至少后足的 2 爪等长 ………………………………………………………………… 28
28. 上颚从背面可见;前足基节横宽;雄虫头部和前胸常具角状突起 ………………
……………………………………………………………… 犀金龟科(Dynastidae)
上颚从背面不可见;前足基节常呈明显圆锥形;鞘翅侧缘基部向内弯曲 ………
……………………………………………………………… 花金龟科(Cetoniidae)

四、知识与技能考核

1. 列表写出各标本的鉴定结果。
2. 根据鉴定结果编制科级分类检索表。
3. 绘制隐 5 节类型跗节图，注明各部分的名称。

实验十四
鳞翅目昆虫的分类

一、实验目的和要求

1. 了解鳞翅目的主要特点，掌握鳞翅目常见科的主要形态特征。

2. 能够识别鳞翅目常见的科。

3. 学习编制鳞翅目昆虫的分科检索表。

二、实验材料和用具

（一）材料

弄蝶科、凤蝶科、粉蝶科、蛱蝶科、螟蛾科、枯叶蛾科、天蛾科、尺蛾科、灯蛾科、夜蛾科、毒蛾科、卷叶蛾科等昆虫标本。

（二）用具

体视显微镜、泡沫板等。

三、实验内容和方法

1. 观察标本并阅读鳞翅目常见科的主要形态特征，根据形态特征鉴定所观察的标本。

2. 了解鳞翅目主要科的特征。

鳞翅目特征：体型小至大型，体、翅和附肢均密被鳞片；成虫口器为虹吸式，幼虫口器为咀嚼式；复眼发达；蝶类触角均为棍棒状或球杆状，蛾类有丝状和羽毛状；翅发达，翅面上常形成许多花纹。

凤蝶科(Papilionidae)：体大且美丽；前翅 R 脉 4～5 条，臀脉 2 条；后翅外缘波状及臀角有尾状突。雌虫和雄虫 3 对足均发达，后翅臀脉 1 条。

弄蝶科(Hesperiidae)：体色常灰暗，头部较胸部宽；触角基部远离，末端具小钩；前翅 R 脉分支独立从中室分出。

粉蝶科(Pieridae)：体色多为白色、黄色或橙色；翅顶角常有黑色或红色斑；前翅 R 脉 4～5 条，臀脉 1 条；后翅臀脉 2 条；前足正常，内外爪等长。

蛱蝶科(Nymphalidae)：体表有美丽色斑；触角具鳞片，腹面有 3 条纵脊，末端棒状膨大极为明显；前翅 R 脉 4～5 条，臀脉 1 条；前足退化，常无爪或仅具单爪。

眼蝶科(Satyridae)：体色暗，翅上常有眼状斑；前翅 R 脉 5 条，前面几条纵脉的基部常膨大，特别是 Sc 脉；前足退化，无爪或仅具单爪。

灰蝶科(Lycaenidae)：触角上具白色环，眼周围白色；前翅 R 脉 3～4 条，M_1脉从中室顶角伸出，有的种类后翅外缘常有尾状突起。雄虫前足无爪，雌虫前足正常。

螟蛾科(Pyralidae)：体细长；下唇须呈喙状向头部前端伸出；前翅三角形，后翅臀区发达，臀脉 3 条，$Sc+R_1$脉与 Rs 脉在中室前平行，在中室外接近或接触，M_2脉、M_3脉从中室下角分出；腹部第 1 节有听器，喙基部有鳞片。

卷叶蛾科(Tortricidae)：前翅略呈长方形，肩区发达，前缘弯曲，外缘平直，翅顶突出，休息时呈“吊钟”状，前翅脉纹均从基部或中室伸出，不合并呈叉状，Cu 脉从中室下缘近中部伸出；后翅 $Sc+R_1$ 脉不与 Rs 脉接近或接触，Cu 脉基部无梳状长毛，A 脉 3 条。卷叶蛾亚科（Tortricinae）前翅前缘有褶叠，小卷叶蛾亚科（Olethreutinae）前翅前缘无褶叠。

果蛀蛾科(Carposinidae)：成虫前翅 Cu 脉、2A 脉从中室下缘近端部分出，后翅 M_1脉及 M_2脉消失，Cu 脉基部有长的梳状毛。

刺蛾科(Limacodidae)：体粗壮多毛；触角双栉状，约是体长的一半；喙退化或消失；前后翅中室内有中脉主干，前翅顶角区 3 支脉纹连在一起；后翅 $Sc+R_1$脉从中室中部分出，Rs 脉与 M_1脉基部极接近或同柄。

蓑蛾科(Psychidae)：雌雄异型；雌无翅；雄虫喙退化，触角梳状，前翅 3 条臀脉端部合并成 1 条。

斑蛾科(Zygaenidae)：体小至大型，体光滑且颜色鲜艳；喙及下唇须发达；前后翅中室内有中脉主干，前翅有 1 条臀脉，后翅 $Sc+R_1$脉与 Rs 脉接触或有横脉相连。

菜蛾科(Plutellidae)：休息时触角向前伸；下唇须伸向上方，第 2 节有向前伸的长鳞片；翅狭，前翅披针形，后翅菜刀形，后翅 M_1 脉与 M_2 脉基部同柄。

巢蛾科(Yponomeutidae)：体形似菜蛾科，但触角上无梳状刺毛，下唇须伸向前方；前翅稍宽，中室内有中脉主干遗迹，中室外脉纹都不呈叉状；后翅阔，不呈菜刀状。

麦蛾科(Gelechiidae)：体细长，色泽鲜明；触角第 1 节上有刺毛排成梳状；下唇须向上弯曲，伸过头顶，末节尖细；前翅狭长，端部尖；后翅外缘倾斜或凹入，菜刀状；前后翅伸向翅尖的 2 条翅脉基部都合成 1 条，翅的后缘有长缘毛。

细蛾科(Gracillariidae)：纤细小蛾，触角基部不呈眼罩状，下唇须直或向上弯曲；前翅披针形，中室甚长，Rs 脉止于前缘；后翅狭而尖，脉分为前后两组，无中室；前后翅后缘都有长缘毛。

潜蛾科(Lyonetiidae)：体微小或小，触角基节扁平而凹，盖在复眼上（眼罩）；前翅披针形，中室狭长，R 脉、M_1 脉、Cu 脉均集中于翅端；后翅细长而尖，脉少，中室消失，缘毛很长。

谷蛾科(Tineidae)：小形，头部被蓬松鳞毛；下颚须发达，5 节，多曲折，中节有坚鳞及刚毛；翅狭长，除前翅臀脉外，各脉分离不合并，中脉的主干在中室内存在并分叉；后足胫节有距。

透翅蛾科(Sesiidae)：没有单眼，下唇须向上，第 3 节短小；翅狭，除边缘及翅脉上外，翅的大部分透明，没有鳞片。

举肢蛾科(Heliodinidae)：体小型，常有鲜明色斑；成虫静止时，后足向上高举，竖立在身体两侧后足胫节具刺毛，各跗节端部有刺；翅狭而尖。

木蠹蛾科(Cossidae)：前后翅中室内有 M 脉主干并分叉，前翅有小翅室。

羽蛾科(Pterophoridae)：触角细长，有鳞及短毛，下唇须前伸；前翅外缘有一缺刻，后翅有二深缺刻，使翅呈三瓣状，每瓣边缘有缘毛。

枯叶蛾科(Lasiocampidae)：成虫静止时如枯叶状，体粗壮多毛，单眼和喙管退化；后翅无翅缰，具前缘小翅室（亚前缘室）和肩脉；前翅 Rs 脉与 M_1 脉共柄。

夜蛾科(Noctuidae)：体色暗，触角丝状；前翅 R 脉 5 条；后翅 $Sc+R_1$ 脉与 Rs 脉在中室约 1/4 处有一点接触，形成一个小型基室。

毒蛾科(Lymantriidae)：后翅 $Sc+R_1$ 脉在中室近1/3处有一点接触，之后又分离。

舟蛾科(Notodontidae)：后翅 $Sc+R_1$ 脉与中室平行靠近，但不接触。

灯蛾科(Arctiidae)：后翅 $Sc+R_1$ 脉与中室长距离愈合。

尺蛾科(Geometridae)：体小至大型，细弱；前后翅翅面宽大，但较薄；后翅 $Sc+R_1$ 脉基部弯曲，Rs基部也弯曲，两脉有点接触，臀脉1条；听器在第1腹节。

天蛾科(Sphingidae)：体纺锤形，喙发达，长于体长；触角末端弯成细沟；前翅狭长，后缘内凹；后翅小，$Sc+R_1$ 脉与中室平行，有一横脉与中室中部相连，臀脉2条；无听器。

蚕蛾科(Bombycidae)：体粗壮；触角双栉状；后翅 $Sc+R_1$ 脉与中室有横脉相连，但有3条臀脉。

天蚕蛾科(Saturniidae)：体大型，粗壮，色泽绚丽；翅上有透明斑，后斑 $Sc+R_1$ 脉与Rs脉间无横脉，只有1条臀脉。

鳞翅目分科检索表

1. 触角棍棒状 ························ 2
   触角丝状、双栉状或栉齿状 ························ 7
2. 触角端部有钩，基部远离；前翅R脉分为5支，都从中室分出 ························ 弄蝶科(Hesperiidae)
   触角端部无钩，基部靠近；前翅R脉分为2～5支，非全部出自中室 ························ 3
3. 前翅A脉2～3条；后翅A脉1条，内缘直或凹入；常有尾突 ························ 凤蝶科(Papilionidae)
   前翅A脉1条；后翅A脉2条，内缘多凸出，栖息时抱住腹部 ························ 4
4. 前足正常，爪分裂或具齿 ························ 粉蝶科(Pieridae)
   前足多退化，至少雄虫如此，爪不分裂 ························ 5
5. 前翅有1～3条脉在基部特别膨大 ························ 眼蝶科(Satyridae)
   前翅翅脉基部不特别膨大 ························ 6
6. 前翅R脉分5支，后翅中室开放或仅由1条退化的横脉封闭，触角无白色环 ························ 蛱蝶科(Nymphalidae)
   前翅R脉分3支或4支，前后翅中室开放或封闭，触角每节有白色环 ························ 灰蝶科(Lycaenidae)
7. 前翅分成2～4片，后翅分成3片 ························ 羽蛾科(Pterophoridae)
   翅完整，有时退化 ························ 8
8. 后翅 $Sc+R_1$ 脉与Rs脉在中室外有一段合并 ························ 螟蛾科(Pyralidae)
   后翅 $Sc+R_1$ 脉与Rs脉在中室外分开 ························ 9

9. 有鼓膜听器 ………………………………………………………………………… 10

无鼓膜听器 ………………………………………………………………………… 15

10. 鼓膜听器在腹部第 1 或第 2 节 ………………………… 尺蛾科(Geometridae)

鼓膜听器在后胸 ………………………………………………………………… 11

11. 前翅 M_2脉介于 M_1脉与 M_3脉之间,Cu 脉似 3 叉型 …… 舟蛾科(Notodontidae)

前翅 M_2脉靠近 M_3脉,Cu 脉似 4 叉型 ………………………………………… 12

12. 无单眼 ……………………………………………………………………………… 13

有单眼 ……………………………………………………………………………… 14

13. 后翅 Sc+R_1脉基部加粗,通常与 Rs 脉愈合至中央 ……… 苔蛾科(Lithosiidae)

后翅 Sc+R_1脉基部不加粗,通常在中室基部 1/3 处与 Rs 脉接触 …………
……………………………………………………………………… 毒蛾科(Lymantriidae)

14. 后翅 Sc+R_1脉与 Rs 脉在中室中部或中部以外有一段并接 ……………………
…………………………………………………………………………… 灯蛾科(Arctiidae)

后翅 Sc+R_1脉与 Rs 脉在中室 2/5 处相接或接近 ………… 夜蛾科(Noctuidae)

15. 喙基部有鳞片;翅窄,翅端尖,中室内 M 脉主干常消失,后翅外缘常凹,顶角尖
……………………………………………………………………… 麦蛾科(Gelechiidae)

喙基部无鳞片;翅不如上述 ……………………………………………………… 16

16. 翅大部分透明,只边缘及翅脉上有鳞片;体形像蜂 ………… 透翅蛾科(Sesiidae)

翅面全部有鳞片 ………………………………………………………………… 17

17. 体纺锤形;触角弱栉状,端部膨大,末端呈钩状;翅三角形,前翅狭长 …………
……………………………………………………………………… 天蛾科(Sphingidae)

不如上述 …………………………………………………………………………… 18

18. 前、后翅中室内 M 脉主干中等或十分发达,如在一或二翅中弱或消失,则下颚须十分发达 ………………………………………………………………………… 19

前、后翅中室内 M 脉主干在一翅或二翅中弱或消失,下颚须极小、退化或缺失
…………………………………………………………………………………………… 27

19. 小蛾类,下颚须发达,触角柄节常扩大形成眼罩或有栉毛 …………………… 20

中大型蛾,下颚须短或消失,口器常退化 ……………………………………… 25

20. 下唇须第 3 节短小,前翅 R_5脉常伸到前缘,触角柄节有时形成眼罩 ………… 21

下唇须第 3 节细长,前翅 R_5脉伸到外缘,触角柄节常有栉毛 ………………… 23

21. 触角柄节膨大,形成眼罩;后足胫节具鳞毛;前翅有纵脉从中室分出 …………
……………………………………………………………………… 潜蛾科(Lyonetiidae)

触角柄节不形成眼罩 …………………………………………………………… 22

22. 下唇须和喙发达；颜面和头顶具长鬃毛；下颚须长，5 节……… 谷蛾科(Tineidae)

下唇须和喙退化；雄虫具翅，翅面鳞片和毛稀疏；雌无翅，生活于巢袋内 ……………………………………………… 蓑蛾科(Psychidae)

23. 后足有轮生硬鬃 ……………………………………… 举肢蛾科(Heliodinidae)

后足无轮生硬鬃 ……………………………………………… 24

24. 下唇须第 2 节有毛丛，呈三角形；后翅 M_1 脉和 M_2 脉共柄 ……………………………………………… 菜蛾科(Plutellidae)

前翅主脉分支一般分离，后翅 M_1 脉和 M_2 脉不共柄，Rs 脉和 M_1 脉分离 ……………………………………………… 巢蛾科(Yponomeutidae)

25. 无毛隆，前翅常有副室，中室内 M 脉主干常分叉 ………… 木蠹蛾科(Cossidae)

毛隆有或无，前翅无副室，中室内 M 脉主干不分叉 ……………………… 26

26. 后翅 Sc 脉和 Rs 脉愈合至中室末端或中央；翅被稀疏鳞片；前翅 R_5 脉出自中室 ……………………………………………… 斑蛾科(Zygaenidae)

后翅 Sc 脉和 Rs 脉从基部分开；前翅 R_3 脉、R_4 脉和 R_5 脉共柄；翅密被软鳞和毛 ……………………………………………… 刺蛾科(Limacodidae)

27. 有毛隆；前翅长方形或梯形，Cu_{1b} 脉从中室末端分出；后翅 M_1 脉不与 Rs 脉共柄 ……………………………………………… 卷叶蛾科(Tortricidae)

无毛隆，翅非上述 ……………………………………………… 28

28. 前后翅 M_2 脉靠近 M_3 脉而远离 M_1 脉，Cu 脉似 4 叉型；前翅 M_1 脉通常与 R_5 脉共柄 ……………………………………………… 枯叶蛾科(Lasiocampidae)

M_2 脉至少在 1 对翅中靠近 M_1 脉而远离 M_3 脉，Cu 脉似 3 叉型 ……………… 29

29. 前翅外缘常有弯月形凹陷，后翅沿后缘细褶，后缘直或凹，有暗纹 ……………………………………………… 蚕蛾科(Bombycidae)

翅中室有透明斑，后翅无褶或具特别暗的斑纹；一些种类后翅有尾突 ……………………………………………… 天蚕蛾科(Saturniidae)

四、知识与技能考核

1. 列表写出各标本的鉴定结果。
2. 根据鉴定结果编制科级分类检索表。
3. 绘制夜蛾科、毒蛾科后翅的特征图。
4. 掌握鳞翅目常见的主要科的区别特征。

实验十五
双翅目昆虫的分类

一、实验目的和要求

1. 了解双翅目的主要特点，掌握双翅目常见科的主要形态特征。

2. 能够识别双翅目常见的科。

3. 学习编制双翅目昆虫的分科检索表。

二、实验材料和用具

（一）材料

大蚊科、虻科、食虫虻科、食蚜蝇科、实蝇科、寄蝇科、蝇科等昆虫标本。

（二）用具

体视显微镜、泡沫板等。

三、实验内容和方法

1. 观察标本并阅读双翅目常见科的主要形态特征。根据形态特征鉴定所观察的标本。

2. 了解双翅目主要科的特征。

双翅目特征：中胸特别发达；具有发达的前翅。拉起前翅可见隐藏于胸部后下方的平衡棒。

短角亚目(Brachycera)：触角 3 节，第 3 节又分为许多亚节。

芒角亚目(Aristocera)：触角 3 节，第 3 节特别大，上有触角芒。

长角亚目(Nematocera)：触角多节。

大蚊科(Tipulidae)：胸部有明显的“V”形沟，足细长，为中、大型种类。

瘿蚊科(Cecidomyiidae)：体小型，前足细长；复眼常愈合成合眼；触角近似念球状，雄虫触角每节为双节的葫芦状，每小节具环状毛；翅脉 3～5 条，横脉不明显，只有 1 个基室。

盗虻科(Asilidae)：体粗壮多毛；头顶凹陷，复眼突出；触角端部有端刺，爪间突刚毛状。

蜂虻科(Bombyliidae)：头顶不凹陷，喙特别长。

虻科(Tabanidae)：体粗壮，头部大多呈半球形，基部比胸部宽；翅基部有发达的翅瓣及腋瓣，R_5脉止于翅顶角之下；爪间突垫状。

食蚜蝇科(Syrphidae)：体形似蜂，头部无额囊缝（代表无缝组 Aschiza），M_{1+2}脉与 M_3＋Cu 脉端部向前弯曲，形成 2 个封闭的翅室，R 脉与 M 脉之间形成 1 条“伪脉”。

秆蝇科(黄潜蝇科)(Chloropidae)：为黄色带有斑纹的小蝇类。中胸盾片中部无横缝，前翅无腋瓣，触角第二节无纵沟，这是无翅瓣类（Acalyptratae，包括秆蝇、潜蝇、果蝇、实蝇、水蝇等科）的主要特征。将标本插在塑料片上，头部正面向上，在体视显微镜下观察。可见单眼三角区很大，无口鬃；翅前缘脉只有 1 个折断处，Sc 脉退化，R 脉三分支，直达翅缘，M_2脉分支，中间只夹 1 个翅室，基室与中室合并，后面无臀室。

潜蝇科(Agromyzidae)：为黑色蝇类。口鬃和额眼间鬃明显；触角芒光滑；前缘脉只有 1 个断裂处，Sc 脉退化或与 R_1 脉合并，中脉间有 2 个闭室（基室和中盘室），后面有臀室。

实蝇科(Tephritidae)：小或中型蝇类。翅上常有特殊的色斑；翅前缘脉有 2 个折断处，Sc 脉完全，端部弯曲向上，中脉间有 2 个闭室（基室和中盘室），后面有 1 个带尖角的臀室。

果蝇科(Drosophilidae)：黄色小蝇类。翅前缘脉有 2 个折断处，Sc 脉退化，M 脉间只有 1 个闭室，臀室小，口鬃明显。

花蝇科(Anthomyiidae)：具大的腋瓣，胸部背面具有横缝，触角第 2 节背面外侧有一纵贯全身的裂缝（代表有瓣类 Calyptratae）。下侧片无成行的鬃，M_{1+2}脉直，不向前弯曲。

蝇科(Muscidae): 小到大型，下侧片无成行的鬃；M_{1+2}脉端部弯曲向前；触角芒长，全羽状。

寄蝇科(Tachinidae): 下侧片有成行的鬃；中后胸小盾片发达，侧面观有隆起；触角芒刚毛状；中胸盾片沟后翅内鬃 3 个，若为 2 个，则 2 鬃之间距离很近；翅 M_{1+2}脉伸向翅后缘，在后缘前方折向翅前缘，形成心角，末端一段止于翅尖的前方与前缘脉会合。

丽蝇科(Calliphoridae): 中到大型，体多呈青绿等色，带金属光泽；中后胸小盾片不明显，下侧片有成行的鬃；触角芒全部羽状。

麻蝇科(Sarcophagidae): 中到大型，体多灰黑，具明显的灰白粉被；中后胸小盾片不明显，下侧片有成行的鬃；触角芒裸或基部一半呈羽状。

双翅目分科检索表

1. 触角 7 节以下，鞭节常分为若干亚节，或有一端刺或旁生一芒；下颚须 1～2 节或无 …… 2
   触角 7 节以上，鞭节各亚节相似；下颚须 4～5 节(少数 1 节) …… 长角亚目(Nematocera)3
2. 触角末端具环状亚节或端刺；幼虫半头型；被蛹，羽化时呈"T"形裂开 …… 短角亚目(Brachycera)6
   触角 3 节，末节背面有 1 芒刺；幼虫多无头型；围蛹，羽化时环形裂开 …… 芒角亚目(Aristocera)9
3. 中胸背板有明显的"V"形沟；有 2 条臀脉，体和足均细长 …… 大蚊科(Tipulidae)
   中胸背板无"V"形沟；有 1 条臀脉，体和足不细长 …… 4
4. 触角长，念珠状，仅 2～3 条纵脉 …… 瘿蚊科(Cecidomyiidae)
   触角非念珠状，翅脉较多 …… 5
5. 伸达翅缘的翅脉 9 条及以上，翅缘和翅脉上有鳞片，后足特别长 …… 蚊科(Culicidae)
   伸达翅缘的翅脉 8 条及以下，翅的后缘脉纹不清楚，前足特别长 …… 摇蚊科(Chironomidae)
6. 足的前端有 3 垫(爪间突垫状) …… 7
   足的前端只有 2 垫(爪间突刚毛状或无爪间突) …… 8
7. 翅瓣大而明显；R_5脉伸达翅的外缘，远在顶角之下 …… 虻科(Tabanidae)
   翅瓣小或无；R_5脉伸达翅的前缘，不超过顶角 …… 水虻科(Stratiomyidae)
8. 头顶凹入，从前面看有凹陷；复眼突出 …… 食虫虻科(Asilidae)
   头顶不凹入；复眼不突出 …… 蜂虻科(Bombyliidae)

9. 无额囊缝，Cu 脉连接于 1A 脉近端部处 ………………………………………………… 10

具额囊缝，Cu 脉连接于 1A 脉近基部或 1/2 处 ………………………………………… 11

10. Rs 脉与 M 脉之间常有 1 条伪脉，M 脉向前弯呈横脉状；R_{4+5}室与盘室为闭室………………………………………………………………………………… 食蚜蝇科(Syrphidae)

Rs 脉与 M 脉之间无伪脉，M 脉不呈横脉状；复眼达触角的上下方，在背方相遇 ………………………………………………………………………………… 头蝇科(Pipunculidae)

11. 下腋瓣小或痕迹状(无瓣类) ……………………………………………………… 12

下腋瓣发达；常有鬃；触角梗节背面有纵裂(有瓣类) …………………………………… 15

12. 触角第 2 节纵裂；翅前缘在 Sc 脉处折断；Sc 脉完整，伸达前缘与 R_1 脉分开；具臀室 ………………………………………………………………………………… 果蝇科(Drosophilidae)

触角第 2 节不纵裂；翅前缘折断；Sc 脉不完整，不伸达前缘，常与 R_1 脉合并；臀室有或无 ……………………………………………………………………………… 13

13. 前翅臀室末端突伸成一锐角，Sc 脉末端弯曲，略成直角 … 实蝇科(Tephritidae)

前翅臀室末端不突伸成一锐角，Sc 脉末端不弯曲成直角 ……………………………… 14

14. 前翅无臀室(A)；单眼三角区大；后头顶毛相接或无；无口鬃 ………………………………………………………………………………… 秆蝇科(Chloropidae)

前翅有臀室(A)；单眼三角区小；后头顶毛分开或无；具口鬃 ………………………………………………………………………………… 潜蝇科(Agromyzidae)

15. 下侧片无鬃或有不成列的鬃；翅侧片无毛或鬃 ……………………………………… 16

下侧片有成列的鬃；翅侧片有毛或鬃 ………………………………………………… 18

16. 下腋瓣很不发达，近线形 ……………………………… 粪蝇科(Scathophagidae)

下腋瓣发达 ……………………………………………………………………………… 17

17. Cu_2＋2A 脉伸达翅后缘；M_{1+2}脉端部直，与 R_{4+5}脉平行或远离 ………………………………………………………………………………… 花蝇科(Anthomyiidae)

Cu_2＋2A 脉不伸达翅后缘；M_{1+2}脉端部弯曲，与 R_{4+5}脉靠近 … 蝇科(Muscidae)

18. 后小盾片发达，呈垫状 ……………………………………… 寄蝇科(Tachinidae)

后小盾片不明显 ………………………………………………………………………… 19

19. 触角芒全部羽毛状；体色多呈青、绿等色，具金属光泽 … 丽蝇科(Calliphoridae)

触角芒基半部羽毛状或无毛，端半部刚毛状或裸；体色多灰黑，被白粉 ………………………………………………………………………………… 麻蝇科(Sarcophagidae)

四、知识与技能考核

1. 列表写出各标本的鉴定结果。
2. 根据鉴定结果编制科级分类检索表。
3. 绘制食蚜蝇科的前翅构造图，注明翅脉名称。

实验十六
膜翅目昆虫的分类

一、实验目的和要求

1. 了解膜翅目的主要特点，掌握膜翅目常见科的主要形态特征。
2. 能够识别膜翅目常见的科。
3. 学习编制膜翅目昆虫的分科检索表。

二、实验材料和用具

（一）材料

叶蜂科、茎蜂科、姬蜂科、胡蜂科、蜜蜂科、马蜂科、蚁科等昆虫标本。

（二）用具

体视显微镜、泡沫板等。

三、实验内容和方法

1. 观察标本并阅读膜翅目常见科的主要形态特征。根据形态特征鉴定所观察的标本。

2. 了解膜翅目主要科的特征。

膜翅目特征：体分明显的头、胸、腹 3 段，2 对翅膜质，在镜下观察可见后翅前缘中部有 1 列小钩，是与前翅连接的构造——翅钩列。胸部各节接合紧密，前胸不发达，黄色弯曲形的前胸背板位于胸部前缘。中胸背板颇大、隆起，占据了胸节的大部分，可分为盾片、小盾片、后背片（后小盾片）3 部分；后背片之后为不分片的后胸背板，其上方还有 1 个较大的环节，从侧面观察，可见其与后足不相关，它是并入胸部的腹部的第 1 节，称为“并胸腹节”（有气门 1 对）。

广腰亚目(Symphyta)：胸腹间不成柄状收缩，其 3 对足均有 2 个转节。腹部末端尖细，具有螯刺状的产卵器。

细腰亚目(Apocrita)：胸腹间收缩成柄，足有 1～2 个转节。雌虫产卵器从腹节末前方腹面伸出，有 1 对产卵管鞘。

叶蜂总科(Tenthredinoidea)：腹部不收缩成柄，后翅至少有 3 个基部翅室；前胸背板后缘深深凹入；前足胫节有 2 端距。雌虫产卵器由 2 对扁平的瓣组成，锯状。

叶蜂科(Tenthredinidae)：体小到大形、粗壮；触角线状，7～10 节。

茎蜂总科(Cephoidea)：体细长，腹部没有腰；前胸背板后缘平直；前足胫节只具 1 端距；产卵器短，管状。

茎蜂科(Cephidae)：体细长，不超过 18 mm，通常黑色，有的有黄色斑纹；触角线状，多节；腹部略侧扁。

姬蜂总科(Ichneumonoidea)：触角 16 节以上，不呈膝状；前胸背板与翅基片相接触；前翅翅脉发达，有翅痣；腹部腹面膜质常柔软，有一中褶，产卵器自腹末前方腹面伸出，有产卵器鞘。

姬蜂科(Ichneumonidae)：体小到大型，从几毫米到 40mm 以上（产卵管除外）；前翅无前缘室，常有第 2 回脉，R 脉与 Cu 脉间有 2 根肘间横脉，形成第 2 肘室（小翅室）；肘脉第 1 段没有，第 1 肘室与第 1 盘室合并成“盘肘室”；腹部每个环节均可活动。

茧蜂科(Braconidae)：多为小型，体长很少超过 12 mm，与姬蜂科的主要区别是其体内有 1 条回脉，无第 2 回脉；一般第 1 盘室与第 1 肘室分开，通常第 2 及第 3 腹节连在一起，背面不能自由活动。

小蜂总科(Chalcidoidea)：触角膝状；前胸背板与翅基片不接触，足转节 2 节。翅脉简单，前翅无翅痣和翅室，翅脉分亚前缘脉、缘前脉（合称亚缘脉）、缘脉、后缘脉和肘脉（或称痣脉）几个部分；后翅翅脉分为亚缘脉和缘脉。腹部腹板硬化无褶，产卵器自腹末前一定距离由腹面伸出。

小蜂科(Chalcididae)：体长 0.2～5.0 mm；后腿节膨大；胫节弯曲，末端斜，生有 2 距。

赤眼蜂科(Trichogrammatidae)：微小形，体长 0.3～1.0 mm，呈黑色、淡

褐色或黄色；触角短，3 节、5 节或 8 节；前翅宽或狭，具长缘毛；翅脉呈弓形，痣脉弯；翅面上布有不整齐而稀疏的细毛。

胡蜂总科(Vespoidea)：前胸背板与翅基片相连；触角 13 节以下；第 1 盘室很长，一般比亚中室长得多；休止时前翅通常纵褶。

胡蜂科(Vespidae)：中足胫节有 2 个端距，爪简单。

蜾蠃科(Eumenidae)：中足胫节只有 1 个端距，爪有齿或分瓣；上颚长，刀状，常交叉。

土蜂总科(Scolioidea)：前胸背板接触翅基片；足较短，后足腿节常不达腹端；第 1、2 腹节间常有收缩，体多毛；翅脉常不到边缘。

土蜂科(Scoliidae)：前胸背板接触翅基片；中胸腹板与后胸腹板合并成一扁平板，此板被一弯曲的横缝所分开，并覆盖于中后足基片的基部。雄虫腹部末节腹板的端部有 3 根刺；雌虫一定有翅，翅膜质，闭室之外有精细的纵行皱纹。

青蜂总科(Chrysidoidea)：前胸背板不达翅基片；体坚硬，绿色或蓝色，金光闪闪；腹部可见背板 2～5 节；腹部能弯曲至与胸部接触。代表科为青蜂科（Chrysididae）。

泥蜂总科(Sphecoidea)：前胸背板不达翅基片；腹部背板 6～8 个；腹部第 1 节常呈显著的柄。

泥蜂科(Sphecidae)：中足胫节有 2 个距；腹部明显有长圆筒形的柄。

蜜蜂总科(Apoidea)：中胸背板的毛分支成羽状；后足跗节通常大形，常增厚或扁平，有毛；腹部无柄。

蜜蜂科(Apidae)：后足胫节没有距，扁平有长毛，形成花粉篮；跗节第 1 节扁而阔，内侧有几列短刚毛，形成花粉刷。

膜翅目分科检索表

1. 腹基部宽，不收缩成腰；足转节 2 节；后翅至少有 3 个完整的基室 ……………………………………………………………… 广腰亚目(Symphyta)2

   腹基部缢缩，呈柄状，与胸部呈细腰状联接；后翅至多有 2 个基室 ……………………………………………………………… 细腰亚目(Apoerita)3

2. 前足胫节有 2 个端距；前胸背板后缘深深凹入 ………… 叶蜂科(Tenthredinidae)

   前足胫节只有 1 个端距；前胸背板后缘平直 …………………… 茎蜂科(Cephidae)

3. 后翅无臀叶，足转节 2 节；产卵器不能缩入体内；腹部腹板多纵裂；寄生性 ………
………………………………………………………………… 寄生部(Parasitica)4
后翅有臀叶，足转节 1 节；产卵器螯刺状，可缩在体内，腹部腹板不纵裂 …………
………………………………………………………………… 针尾部(Aculeata)8
4. 触角膝状，前胸背板不向后延伸达肩板 ……………………………………………… 5
触角不呈膝状，前胸背板向后延伸达肩板 …………………………………………… 7
5. 跗节 3 节；前翅很宽，翅面有微毛排列成行……… 赤眼蜂科(Trichogrammatidae)
跗节 4～5 节，前翅不太宽，翅面无微毛排列成行 ………………………………… 6
6. 后足腿节特别膨大，腹面有齿，胫节弧状；体无金属光泽…… 小蜂科(Chalcididae)
后足腿节正常，极少数膨大者则后足胫节直；体常为蓝、绿色，有金属光泽 ………
………………………………………………………………… 金小蜂科(Pteromalidae)
7. 前翅有 2 条回脉，形成 3 个盘室 ………………………… 姬蜂科(Ichneumonidae)
前翅只有 1 条回脉，形成 2 个盘室 ………………………… 茧蜂科(Braconidae)
8. 腹部第 1 节或第 1、2 两节呈结节状 ………………………… 蚁科(Formicidae)
腹部没有结节状 ……………………………………………………………………… 9
9. 前足的腿节肿大呈棍棒状；雌虫常无翅，雄虫后翅无翅脉 ………………………
………………………………………………………………… 肿腿蜂科(Bethylidae)
前足的腿节正常；后翅有脉纹 ……………………………………………………… 10
10. 腹部能弯转与胸部相接触；腹部可见背板 3～5 节；颜色美丽有金属光泽 ………
………………………………………………………………… 青蜂科(Chrysididae)
腹部不能折到胸部下；腹部可见背板 6 节以上 ………………………………… 11
11. 前胸背板达肩板，或无肩板 …………………………………………………… 12
前胸背板不达肩板 ………………………………………………………………… 15
12. 前翅第 1 盘室明显长于亚中室；翅不用时纵褶 ……………………………… 13
前翅第 1 盘室明显短于亚中室；翅不能纵褶 ………………………………… 14
13. 上颚刀状，内缘有齿，腹部第 1、2 节间有收缩，中足胫节有 1 个端距，爪有齿 …
………………………………………………………………… 蜾蠃科(Eumenidae)
上颚宽短，有齿，腹部第 1、2 节间无收缩，中足胫节有 2 个端距，爪简单 ………
………………………………………………………………… 胡蜂科(Vespidae)
14. 中胸侧板有 1 横沟；腹部第 1、2 节间不收缩；后足腿节达腹末 ………………
………………………………………………………………… 蛛蜂科(Pompilidae)
中胸侧板无横沟；腹部第 1、2 节间有收缩的缝；足较短，后足腿节不达腹末 ……
………………………………………………………………… 土蜂科(Scoliidae)
15. 后足跗节细瘦，头和胸的毛简单；常有细腰，捕猎鳞翅目幼虫 …………………
………………………………………………………………… 泥蜂科(Sphecidae)
后足跗节扩大，头和胸的毛有分支，有社会组织，多采花蜜 …… 蜜蜂科(Apidae)

四、知识与技能考核

1. 列表写出各标本的鉴定结果。
2. 根据鉴定结果编制科级分类检索表。
3. 写出姬蜂科与茧蜂科、蜜蜂科与食蚜蝇科的区别特征。

普通昆虫学
实习

PUTONG KUNCHONGXUE SHIXI

普通昆虫学教学实习概述

一、实习目的和总体要求

（一）实习目的

教学实习是继《普通昆虫学》理论和实验课教学任务完成以后，通过集中的教学实践环节，巩固和加深学生对昆虫学理论知识的理解，让学生更进一步掌握昆虫学基本的实验操作技能，提高实际动手能力，培养严肃认真的科学态度和良好的实验操作习惯。通过教学实习，要求学生掌握昆虫整体图的科学绘制方法、微小昆虫整体玻片标本制作、昆虫外生殖器的解剖与制片、鳞翅目昆虫翅脉玻片的制作等昆虫学研究基本实验技能和方法。扎实掌握鉴定昆虫的基本知识和技能，为以后相关专业课的学习打下坚实基础。

（二）实习总体要求

实习要求全体同学参加，不得迟到、早退，严格遵守实验操作规则，按时完成各项实习内容和实习报告总结。在整个实习结束后，要求学生能够熟练掌握昆虫标本制作工具的使用方法；熟悉各类昆虫标本的制作方法、步骤和要求；了解昆虫野外生活环境，并能将采集到的昆虫制作成标本；掌握昆虫科级以上的分类原理、方法和特征，学会检索表的制作与应用。

二、实习材料和用具

（一）材料

1. 完整、整姿好的任一目昆虫，用于整体图的科学绘制。要求小型至大型个体。

2. 蚜虫、蓟马、螨类、书虱、蚜茧蜂等小型昆虫，用于整体玻片制作。要求标本完整，新鲜为佳。

3. 家蚕或菜粉蝶等鳞翅目成虫、黄粉虫或金龟子等甲虫、蜚蠊成虫等，用于外生殖器制片。要求至少有 2/3 为雄性个体。

4. 前后翅完整的蝶或蛾类昆虫，用于翅脉制片。要求小型至中型个体。

5. 学生实习期间所采集的标本，应全部用于学生对昆虫标本的整理和鉴定。

（二）用具

每人 1 套：体视显微镜、剪刀、手持放大镜、镊子、解剖针（粗、细型各 1 根）、绘图笔（0.3 mm）、硫酸纸、绘图纸、铅笔、橡皮、毛笔、纱布、吸水纸、标签（采集、鉴定）等。

每 2 人 1 套：酒精灯、三脚架、石棉网等。

每小组 1 套：载玻片、盖玻片、大小烧杯各 2 个、培养皿 10 套、擦镜纸、刀片、普通胶水、中性树胶、玻片盘、卷筒纸、毛巾、蜡盘、昆虫采集箱、相机、毒瓶、三角纸袋 100 个，不同型号（2 mL、10 mL、50 mL）的离心管各 10 个、其他公用试剂（如酒精、二甲苯、稀盐酸、漂白液、NaOH 或 KOH 溶液）等。

三、实习内容和考核

（一）实习内容

时间	实习内容
第 1 天	实习动员、准备实习用具、校园采集标本
第 2 天	实习一　昆虫野外生活环境的观察（公园、农场等地）
第 3 天	实习一　昆虫野外生活环境的观察（重庆市北碚区缙云山）

续表

时间	实习内容
第 4 天	实习二　昆虫的科学绘图
	实习三　微小昆虫玻片标本的制作
第 5 天	实习四　昆虫外生殖器的解剖与制片
	实习五　鳞翅目昆虫翅脉玻片的制作
第 6 天	实习六　昆虫标本的整理与鉴定
	实习总结与考核

（二）实习考核

各实习内容以小组或单人进行考核。根据实习作业、实习总结质量，实习表现，实习操作掌握程度以及课件汇报情况等对学生进行综合评定。

实习一
昆虫标本的采集与制作

一、实习目的和要求

1. 了解各种采集工具，并学会其使用方法。
2. 观察不同栖境中昆虫的种类和丰度。
3. 采集昆虫，搜集不同发育阶段的虫态。
4. 掌握标本采集后的处理、保存和制作方法。
5. 用照片或视频记录所观察到的昆虫。

二、实习材料和用具

昆虫采集箱、捕虫网、体视显微镜（附描绘仪）、白纸（A4）、记录本、相机、离心管、三角纸袋、毒瓶等。

三、实习内容和方法

（一）观察昆虫野外生活环境

注意观察不同栖境中昆虫的种类和丰度，如在溪流边、农田中、温室里、竹林里、山坡上、土壤里、石块下、树洞里、树皮下、动物尸体或粪便中以及其他昆虫体内等。对隐蔽或静止于栖息环境中的昆虫（如竹节虫等），可留心观察它们的活动痕迹，并用相机记录，捕捉一些精彩瞬间。还可以观察一些植物的茎、叶、花、果等有无被害状，昆虫的分泌物、粪便等以及与此相关的特征。对在枯枝、落叶等阴湿环境中生活的昆虫种类，可用布袋或塑料袋把寄主一并装上带回实验室进行分离和鉴定。记录不同环境中昆虫的种类，并采集各种昆虫。要求采集的昆虫要覆盖一定数目的昆虫目，且尽量有同种昆虫不同发育阶段的样本，方便制作生活史标本。

（二）昆虫标本的采集与制作

教师介绍采集箱内各种工具的名称、功能和使用方法；演示捕虫网的使用方法，并介绍注意事项；介绍标本制作方法，并将标本采集箱和捕虫网发放给学生。学生练习捕虫网的使用及标本的处理与制作。

（三）环境中各种因素对昆虫的影响

注意观察不同温度、湿度、光照、风力和土壤等环境因子，以及昆虫的寄主植物和天敌等生物因子对昆虫的影响，并做好记录。

四、知识与技能考核

1. 记录观察到的昆虫的生活环境及各种因子对昆虫的影响。

2. 掌握昆虫针插标本的制作方法，正确掌握插针高度和位置、正确应用整姿和展翅的方法，规范制作采集标签和鉴定标签。

3. 掌握三角纸袋的折叠方法、手持放大镜的使用技巧、毒瓶的制作方法。

4. 制作观察过程中能够反映昆虫行为习性的电子相片影集。

实验补充材料

一、采集工具

捕虫网、镊子、三角纸袋、毒瓶、吸虫管、指形管、放大镜、采集耙、采集铲、标签纸、记号笔、铅笔、橡皮、全球定位系统(GPS)。

1. 捕虫网：也称气网，目前主要用纱网或尼龙网结合铝合金材质的骨架制作而成，用于捕捉飞行中的昆虫或在草本植物上停歇、觅食的昆虫，可部分代替扫网的功能。具有易携带、质轻、美观的优点，但使用方法不当易损坏。

2. 扫网：主要用白布、铁圈、木杆材质的骨架制作而成，适用于捕捉在各类植物上取食和休憩的昆虫。耐用但携带不便，也不美观。

3. 水网：用致密的纱网或尼龙网结合各种材质的骨架制作而成，适于捕捉水生昆虫。

4. 刮网：用尼龙网和铁制材料骨架制作而成，用于刮取植物枝干表面的昆虫。

5. 镊子:用于捕捉不善飞行的昆虫或对人有伤害行为的昆虫,并将其放入毒瓶或用于从毒瓶中取出昆虫。

6. 三角纸袋:用于临时存放且不宜放入毒瓶的昆虫,如蝴蝶、蜻蜓等昆虫。

7. 毒瓶:毒杀采集到的大部分昆虫。

8. 吸虫管:收集微小昆虫,如飞虱、叶蝉等。

9. 指形管:单独存放小型昆虫或酒精浸泡标本。

10. 放大镜:野外采集时对昆虫进行初步鉴定。

11. 采集耙:用于翻落叶等。

12. 标签纸:野外记录采集时间、地点、采集人、寄主等信息。

13. 记号笔:做记录使用。

14. GPS:测量海拔、经纬度等详细信息,还可以作为导航使用。

二、采集时间

昆虫活动时间与所处地域的气候条件有很密切的关系,当然也与昆虫本身的行为习性密切相关。多数昆虫的发生节律基本上与当地植物的生长发育期是协同的。春季一般是幼虫或若虫期,少数类群由于是以末龄幼虫或若虫越冬,这部分昆虫在春季处于成虫期。对大多数昆虫来说,夏季是采集的最佳时间。在一天中,晴天上午10时至下午5时都是比较好的采集时段;阴天,特别是采集当天的前夜是持续阴雨,采集时间应该适当推迟。正是由于昆虫的物种多样性非常丰富,其行为习性差异较大,所以在任何时间都可能采集到昆虫,但是种类多少往往会有很大差异。

三、采集地点

不同昆虫的生境是不尽相同的,因此要采集到丰富的昆虫物种,应在尽可能丰富的生境中去采集,如水塘边、溪水边、树林落叶下、花丛中、草丛中、朽木中、石块下、农田中等。植物生态群落越丰富的环境,昆虫的物种多样性也越丰富。若要定向采集某种昆虫,就要先了解该类昆虫的行为和习性,在它们的栖息环境中进行采集,获得成功的概率就比较大。如可在菊科的花中去寻找蓟马;可在草丛中寻找蝗虫;可在石块下或朽木中寻找步甲或拟步甲类昆虫;可在水塘边去采集蜻蜓;可在植物幼嫩部分寻找蚜虫和其他食叶类昆虫;可在植物开花的地方采集蝴蝶;可在森林落叶下寻找蜚蠊、蚂蚁和白蚁等。

四、采集方法

1. 网捕法:最常用的采集方法,可以采集停息或在植物上取食的昆虫,也可以采集飞行的昆虫;尼龙网易干,可用于采集水中的昆虫,纱网也可以采集水中的昆虫,但需晾干后才能继续使用。

2. 搜索法:在植物上、石块下、土壤里、树皮下、树洞里、动物尸体上、动物粪便中、腐烂物质中等昆虫取食或栖息的环境中搜集昆虫。

3. 引诱法:利用昆虫的各种趋性,如趋光性、趋化性、趋湿性等采集昆虫。如蛾子、螳螂、蜂、螽斯、叶蝉、甲虫等类群具有一定的趋光性,可在夜晚用灯光进行诱集。诱虫灯可用高压汞灯、紫外灯、黑光灯、白炽灯等光源。这种方法的关键是要对昆虫的习性有比较清楚的了解,应用相应的方式进行诱集。

4. 林冠喷雾法:用于采集在林木上栖息和取食的昆虫,利用热力烟雾机制造烟雾,击倒树上的昆虫,使其降落在地面上的纱布漏斗、采集伞或网方布等集虫容器里。也可用上述收集设备收集有假死性的昆虫,通过晃动树木使其坠落。

五、采获标本的处理

(一)制作针插标本前处理

鳞翅目昆虫的处理:用手轻捏蝴蝶胸部,使其不能振翅,然后装入三角纸袋,并记录采集时间、地点以及采集人,临时保存。蛾子,尤其是大型蛾子,可用注射器往其体内(头部)注射无水乙醇,然后装入三角纸袋。蜻蜓目昆虫采集后可参照鳞翅目蝶类的处理方法,其他目昆虫可以放入毒瓶中处理。毒瓶可采用广口塑料试剂瓶进行制作,在瓶底部放置一层脱脂棉,倒入适量乙酸乙酯,在脱脂棉上放置 1 块与广口瓶内径一致的圆形致密海绵,然后盖上瓶盖即可。

(二)酒精浸渍标本处理

需要提取 DNA 的标本最好用 95%以上的酒精存储,采集到标本后直接将其放入 95%的酒精内杀死。回到实验室后尽快更换酒精,以保持酒精浓度在 95%以上。

(三)冷冻标本处理

需要提取 RNA 的标本应该将采集昆虫取食的寄主植物组织与活体昆虫一并带回。如果需放置以后使用,可将虫体放入指形管,用超低温冰箱(−80 ℃)或液氮罐保存。

六、昆虫针插标本制作

(一)制作工具

标签、镊子、剪刀、昆虫针、三级台、展翅板、还软器、标本盒、樟脑丸等。

1. 昆虫针:用于固定虫体的不锈钢针,长约 37 mm,顶端有膨大的头。按粗细(长短)不同可分为 00、0、1、2、3、4、5 号等几种不同型号,常用的是 3 号和 4 号,号越大越粗。

2. 展翅板："工"字形的小木架，上面装2块表面略向内倾的木板，一块固定，另一块可以左右移动，以调节两板间的距离。木架中央有一槽，铺以软木或泡沫塑料板，以便插针。展翅板也可用软木或泡沫板做成，在软木或泡沫板的中央挖一条宽窄适宜的槽，即可使用。

3. 还软器：一种使已经干硬的标本重新恢复柔软，以便整理制作的用具。凡是有盖的玻璃容器(如干燥器等)都可用作回软缸。在缸底放些湿沙子，加几滴石炭酸(苯酚)以防发霉。标本用培养皿等装上，放入缸中，勿使标本与湿沙接触。密闭缸口，借潮气使标本回软。回软所需时间因温度和虫体大小而定。

4. 三级台：可分为3级的小木块，中央有1个小孔。制作昆虫标本时将虫针插入孔内，使虫体和标签整齐、美观。第1级用来确定标本的高度，第2级用来确定采集标签的高度，第3级用来确定鉴定标签的高度。

5. 标签：分为采集标签和鉴定标签，采集标签的主要内容有地点、时间、采集人、海拔、采集方式；鉴定标签的主要内容是学名、鉴定人、鉴定时间。

(二)针插部位

为了保持标本稳定，又不破坏昆虫的特征，一般将昆虫针插在昆虫中胸背板中央偏右的位置(图1-1)，但不同类群针插部位不尽相同。

直翅目：蝗虫、螽斯、蟋蟀，针插于前胸背板中部后方右侧。

半翅目：针插于中胸小盾片中部偏右方。

甲虫：针插于右鞘翅基部左上方。

蜂：针插于中胸背板中央。

蝶与蛾类：针插于中胸背板正中部。

蜚蠊目：针插于中胸背板中央。

(三)昆虫的展翅

研究昆虫时需展翅，以便观察翅上的特征。可一边在展翅板上展翅，一边将表面光滑的纸条压覆在翅上，并用昆虫针固定。蛾与蝶、蜻蜓目以及直翅目昆虫，展翅时要求左右前翅后缘与身体垂直；双翅目与膜翅目昆虫展翅时，要求左右前翅的顶角与头呈一直线；脉翅目昆虫展翅时，要求左右后翅的前缘呈一直线。

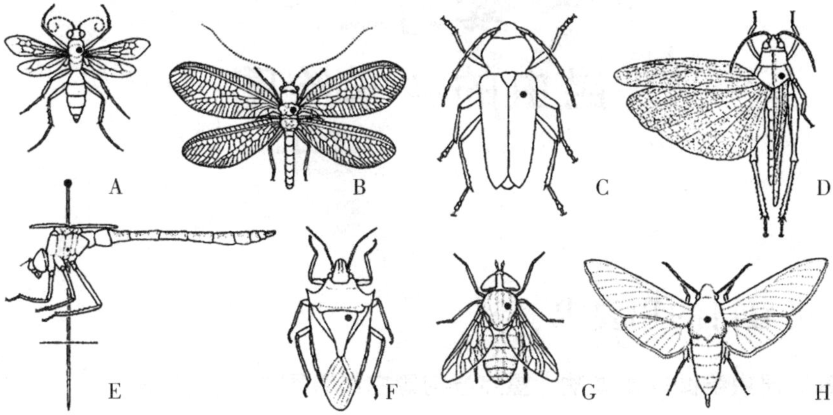

图 1-1　昆虫标本针插部位(仿 Gullan 和 Cranston)

A. **膜翅目**;B. **脉翅目**;C. **鞘翅目**;D. **直翅目**;E. **蜻蜓目**;F. **半翅目**;
G. **双翅目**;H. **鳞翅目**

实习二
昆虫的科学绘图

一、实习目的和要求

掌握昆虫绘图的基本功，重点学习黑白线条图的绘图方法。

二、实习材料和用具

（一）材料

任选一种野外采集并已整姿处理完好的昆虫标本。

（二）用具

体视显微镜（带描绘仪）、绘图笔、铅笔、坐标纸、硫酸纸、绘图橡皮、玻璃板、刀片、小剪刀等。

三、实习内容和方法

无论是对昆虫学家，还是对昆虫爱好者而言，昆虫绘图都是一项基本功。昆虫绘图与文字记载具有同等的重要性，且绘图能够表达文字不易说明或不能准确表述的形态特征，使其形象地展现在人们面前。生物学绘图要求形体、比例正确，要有真实感，同时要求精细、美观、清洁。绘图人必须要有耐心，特别是利用绘图仪描绘时，草图应一气呵成。绘图纸应质地厚、色白、纸面坚实，图纸应固定在桌面上。草图应注明昆虫的名称（或号码）以及放大倍数。昆虫绘图重在“写实”而非“写意”，每根线的黑度必须相同，不能有浓有淡、有深有浅、有虚有实；线条必须粗细均匀，除非必要，不得无目的地变换线条的粗细；线条必须边缘光滑，不能有毛刺，且要自然流畅，中间不能有不自然的转折、停顿。以下是昆虫绘图的主要步骤。

1. **描绘草图初稿**：起稿前，根据标本、绘图纸的大小以及所需草图的大小确定放大倍数，使用铅笔在绘图纸上绘。起稿时，原则上先画出整体轮廓，后绘制局部，最后是细节。

2. **草图定稿**：完成初稿后，将初稿与标本反复对照，不断修改，力求准确和真实。同时在草稿上标注昆虫的名称及放大倍数。

3. **上墨**：修改草图定稿后，使用专用绘图笔，采用点线法将草图描绘到硫酸纸上。下笔要准确，行笔要流畅，点要圆润（表 2-1），线条要均匀，一气呵成。

4. **修饰**：成图后，如有必要需进行适当修改，对多余的墨迹或线条不够均匀的地方，可以用刀片沿线条将其刮去。最后写上昆虫名称、绘图人及时间，并注明放大倍数或用标尺进行标注。

表 2-1　点的比较

正确点法	不正确点法				
圆点	钉头点	蝌蚪点	条形点	重叠点	开叉点
圆洁光滑	头大尾小	头大尾曲	点成短线	点形不规则	点缘不光滑
起笔落笔需直上直下	收笔带拖造成	提笔抖动造成	落笔后滑动移位	交错重叠	纸张渗化、起毛
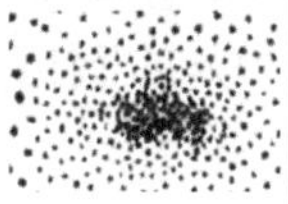				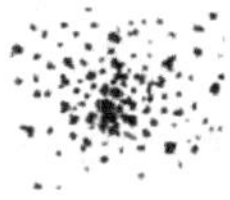	

四、知识与技能考核

绘制一种昆虫的整体特征图。

实习三 微小昆虫玻片标本的制作

一、实习目的和要求

掌握昆虫玻片标本的制作方法。

二、实习材料和用具

（一）材料

蚜虫、螨类、书虱或其他小型或微小型昆虫或螨。

（二）用具

体视显微镜、镊子、放大镜、解剖针（粗、细、环形各 1 根）、毛笔、标签（采集、鉴定）、酒精灯、三脚架、载玻片、盖玻片（18 mm×18 mm、22 mm×22 mm）、大小烧杯、培养皿、镜头纸、卷纸、纱布、刀片、中性树胶、普通胶水、玻片盘、各种试剂（30%、50%、70%、85%、90%、95%、100%的酒精，二甲苯，10%的 NaOH 溶液，漂白液等）。

三、实习内容和方法

1. **杀死与固定**：将昆虫用沸水烫死，固定虫体（虫体附肢伸展，保存在 70%～75%的酒精中）。

2. **软化**：将虫体放在 10%的 NaOH 溶液中，用水浴间接加热（沸腾后约 5 min，中烧杯装水，小烧杯装 NaOH 溶液和微小昆虫）。

3. **清理内脏及洗涤**：用细解剖针在蚜虫（书虱、粉虱）的腹部背面扎 2～3 个小孔，然后用解剖针轻轻挤出内脏，用小流水清洗干净（注意：刺孔位置不要损伤鉴定特征）。

4. **脱水**：依次在 30%、50%、70%、85%、90%、95%以及 100%的酒精中梯度脱水（根据标本的大小，每级脱水 5～10 min，浓度愈高，脱水时间愈短，在 100%的酒精中脱水约 1 min）。脱水时间过长，虫体易变脆。若中途停止工作，应将虫体保存在 70%的酒精中。

5. **透明**：用二甲苯透明 5 min，虫体过小，可缩短时间。透明时间过长则虫体易变脆。若出现混浊现象，表明脱水不干净，应返回无水酒精中，再脱水，再透明。

6. **整姿**：取出透明好的标本置于载玻片上，快速整姿，使之成为自然状态（触角、前足向前，翅向两侧，中、后足向后）。要避免二甲苯干后产生气泡。

7. **滴胶**：滴 1 滴大小适度的胶滴，再稍加整姿。注意掌握好树胶的用量，以刚好展布整个载玻片与盖玻片之间的空间为宜。

8. **盖片**：取干净盖玻片盖好（斜向、先接触胶液，慢慢放下，以免产生气泡）。

9. **贴标签**：左面贴采集标签，右面贴鉴定标签。

10. **干燥**：将制作好的玻片置于玻片盘中自然阴干或在其他容器中烘干。

四、知识与技能考核

每人制作 1～2 张合格的微小昆虫玻片标本。

实习四
昆虫外生殖器的解剖与制片

一、实习目的和要求

学习并掌握昆虫外生殖器玻片标本的制作方法。

二、实习材料和用具

（一）材料

鳞翅目成虫；黄粉虫或金龟子等甲虫；蜚蠊成虫等，如家蚕（♂或金龟子♂。

（二）用具

体视显微镜、镊子、放大镜、解剖针（粗、细、环形各 1 根）、毛笔、标签（采集、鉴定）、酒精灯、三脚架、石棉网、载玻片、盖玻片（18 mm × 18 mm、22 mm × 22 mm）、大小烧杯、培养皿、镜头纸、卷纸、纱布、刀片、中性树胶、普通胶水、玻片盘、各种试剂（30%、50%、70%、85%、90%、95%及 100%的酒精，二甲苯，10%的 NaOH 溶液等）。

三、实习内容和方法

1. **取材**：将标本的整个腹部用剪刀剪下。

2. **软化**：将腹部放入 10%的 NaOH 溶液中加热 10～20 min（鞘翅目昆虫时间可稍长一些）。

3. **清理组织**：用剪刀从腹部侧面剪开或直接从腹末拉出外生殖器，清理其他组织。

4. **清洗**：用小流水清洗解剖出来的外生殖器。

5. **脱水**：依次在 30%、50%、70%、85%、90%、95%以及 100%的酒精中梯度脱水。通常每级脱水 5～10 min，浓度愈高，脱水时间愈短，在 100%的酒精中约 1 min。

6. **透明**：用二甲苯透明 3～5 min。透明时间过长则虫体易变脆。若出现混浊现象，表明脱水不干净，应返回无水酒精中，再脱水，再透明。

7. **整姿**：取出透明好的外生殖器置于载玻片上，快速整姿，使之成为自然状态。避免二甲苯干后产生气泡。

8. **滴胶**：滴 1 滴大小适度的胶滴，再稍加整姿。

9. **盖片**：取干净盖玻片盖好（斜向、先接触胶液，慢慢放下，以免产生气泡）。

10. **贴标签**：左面贴采集标签，右面贴鉴定标签。

11. **干燥**：将制作好的玻片置于玻片盘中自然阴干或在其他容器中烘干。

四、知识与技能考核

每人制作 1～2 张合格的昆虫外生殖器玻片标本。

实习五
鳞翅目昆虫翅脉玻片的制作

一、实习目的和要求

学习并掌握鳞翅目昆虫翅脉玻片的制作方法。

二、实习材料和用具

（一）材料

具完整翅的新鲜鳞翅目昆虫标本。

（二）用具

体视显微镜、镊子、放大镜、解剖针（粗、细、环形各 1 根）、毛笔、标签（采集、定名）、酒精灯、三脚架、石棉网、载玻片、盖玻片（18 mm × 18 mm、22 mm × 22 mm）、大小烧杯、培养皿、镜头纸、卷纸、纱布、刀片、中性树胶、普通胶水、玻片盘、各种试剂（30%、50%、70%、75%、85%、90%、95%及 100%的酒精，二甲苯，10%的稀盐酸，漂白液等）。

三、实习内容和方法

1. **剪翅**：用剪刀小心将昆虫一侧的翅从翅基剪下，放进 75%的酒精中充分湿润（注意保持翅的完整）。

2. **稀盐酸浸泡**：1～2 min。

3. **脱鳞**：将翅移入漂白液中浸泡，使其褪色。若褪色慢，可返回步骤 2，反复多次，直到鳞片脱净，也可用毛笔轻刷翅面，帮助鳞片脱落（注意：不要损坏翅）。

4. **水洗**：鳞片脱净后，水洗几次。

5. **脱水**：依次在 30%、50%、70%、85%、90%、95%以及 100%的酒精中梯度脱水。 通常每级脱水 5～10 min，浓度愈高，脱水时间愈短，在 100%的酒精中约 1 min。

6. **透明**：用二甲苯透明 3～5 min。

7. **整姿**：取出透明好的翅置于载玻片上，快速整理平整，以免二甲苯干后产生气泡。

8. **滴胶**：滴 1 滴大小适度的胶滴，再稍加整姿。

9. **盖片**：取干净盖玻片盖好。

10. **贴标签**：左面贴采集标签，右面贴鉴定标签。

11. **干燥**：将制作好的玻片置于玻片盘中自然阴干或在其他容器中烘干。

四、知识与技能考核

每人制作前、后翅翅脉玻片各 1 张（也可将前、后翅翅脉合于 1 张玻片上）。

实习六 昆虫标本的鉴定

一、实习目的和要求

学习检索表的使用方法并能正确鉴定昆虫到科级。

二、实习材料和用具

（一）材料

前期采集到的各种昆虫。

（二）用具

体视显微镜、镊子、放大镜、解剖针（粗、细、环形各 1 根）、毛笔、标签、带有检索表的教科书或实验指导用书等。

三、实习内容和方法

1. 利用教科书、动物志或其他文献的目、科级检索表对标本进行初步检索，确定大类。

2. 查到标本所属的目或科后，确定标本应隶属的科或属。

3. 鉴定完成后，鉴定人应填写鉴定标签，内容包括学名、日期和鉴定人。

四、知识与技能考核

每个实习小组利用检索表鉴定采集到的昆虫，至少鉴定到科级。鉴定完毕后，整理好，上交实验室备存。

主要参考文献

1. 北京农业大学. 昆虫学通论（上、下册）[M].北京：农业出版社，1980.

2. 彩万志，庞雄飞，花保祯，等. 普通昆虫学[M]. 北京：中国农业大学出版社，2001.

3. 杜喜翠. 普通昆虫学实验与实习教程[M]. 重庆：西南师范大学出版社，2012.

4. 雷朝亮，荣秀兰. 普通昆虫学[M]. 北京：中国农业出版社，2003.

5. 雷朝亮，荣秀兰. 普通昆虫学（第二版）[M]. 北京：中国农业出版社，2011.

6. 许再福. 普通昆虫学[M]. 北京：科学出版社，2009.

7. 袁锋，张雅林，冯纪年，等. 昆虫分类学（第二版）[M]. 北京：中国农业出版社，2006.

8. 赵惠燕. 昆虫学研究方法[M]. 北京：科学出版社，2010.

9. 郑乐怡，归鸿. 昆虫分类（上、下册）[M]. 南京：南京师范大学出版社，1999.

10. 周尧. 周尧昆虫图集[M]. 郑州：河南科学技术出版社，2002.

11. R. J. Elzinga. Fundamentals of Entomology（Sixth Edition）[M]. Upeert Saddle River：Prentice Hall，2004.

12. C. Gillott. Entomology （Third Edifion）[M].Dordrecht：Springer，2005.

13. D. Grimaldi，M. S. Engel. Evolution of the Insects[M]. New York：Cambridge University Press，2005.

14. P. J. Gullan，P. S. Cranston. The Insects：An Outline of Entomology（Fifth Edition）[M].London：Wiley Blackwell Publishing，2014.

15. I. M. Millar，V. M. Uys，R. P. Urban. Collecting and Preserving Insects and Arachnids[M].Irene：Isteg Scientific Publicafions，2000.